型职业农民培育系列教材

测土配方施肥与生物防控技术

胡顺祥 刘惠英 徐雅洁 主编

中国农业科学技术出版社

图书在版编目（CIP）数据

测土配方施肥与生物防控技术 / 胡顺祥，刘惠英，徐雅洁主编 .—北京：中国农业科学技术出版社，2018. 5

ISBN 978-7-5116-3605-8

Ⅰ. ①测…　Ⅱ. ①胡…　②刘…　③徐…　Ⅲ. ①土壤肥力-测定②施肥-配方③作物-害虫-生物防治　Ⅳ. ①S158. 2②S147. 2③S435

中国版本图书馆 CIP 数据核字（2018）第 083560 号

责任编辑	崔改泵
责任校对	贾海霞

出 版 者	中国农业科学技术出版社 北京市中关村南大街 12 号　邮编：100081
电　　话	(010)82109194(编辑室)　(010)82109702(发行部) (010)82109709(读者服务部)
传　　真	(010)82106650
网　　址	http://www.castp.cn
经 销 者	各地新华书店
印 刷 者	北京富泰印刷有限责任公司
开　　本	880mm×1 230mm　1/32
印　　张	6
字　　数	162 千字
版　　次	2018 年 5 月第 1 版　2018 年 5 月第 1 次印刷
定　　价	32. 00 元

《测土配方施肥与生物防控技术》

编　委　会

主　编　胡顺祥　刘惠英　徐雅洁

副主编　许　恺　段翠萍　夏永胜　崔远理
王晓凤　李艳芬　唐　浩　郝蕴琪
祖兆忠　陈书珍　陈　磊　刘　虎
马少兴　黄艳华　冯少红　袁瑞玲
朱　叶　白爱红　张明秀　桂　凤
张　晶　张毓麟　姜常松　张　敏
周艳勇　杨立新　王　刚　宋冬艳
程　浩　吴春梅　王飞飞　何素云
谢雪萍　潘中华　邹琴琴　朱桂强
陈宝东　韦语丹

编　委　刘　梅　李春叶　李云霞　李　向
章素文　王明涛　王增学　李丽琴
霍保安　代晓霞　陈俊琦　方　萍
陈洪波　王瑞杰　孙振中　王桂荣
廉文哲　高忠诚　李清兰　胡凤娥
姚志英

前 言

测土配方施肥，用通俗的话说，就是对农户的耕地土壤采样化验，测出氮、磷、钾的含量，根据目标产量，缺多少肥补多少肥的一种科学施肥方法。通过测土配方施肥能促进农业生态安全和农业可持续发展，解决食品安全等令人焦虑的问题。

本书围绕测土配方施肥的技术需求，全面阐述了测土配方施肥概述、主要粮油作物的施肥技术、主要果树的施肥技术、主要蔬菜的施肥技术、农作物虫害防控基础知识、农作物病害防控基础知识、农作物病虫害调查与预测等内容。

本书可供各级农业技术推广人员和肥料企业农化服务人员使用，也可供土壤肥料和作物生产领域科技人员参考。

编　者

目　录

第一章 测土配方施肥概述

第一节 什么是测土配方施肥

测土配方施肥是以土壤测试和肥料田间试验为基础，根据作物需肥规律、土壤供肥性能和肥料效应，在合理施用有机肥料的基础上，提出氮、磷、钾及中微量元素等肥料的施用数量、施用时期和施用方法。

通俗地讲，就是在农业科技人员指导下科学施用配方肥。我们也可以从测土配方施肥字面上理解为：测土（取土化验）—配方（根据化验结果提供施肥配方）—施肥（按照配方提供的施用数量、施用时期和施肥方法科学施用肥料）。测土配方施肥就好比病人到医院看病：首先，医生让病人检查化验（这相当于取土化验），之后医生根据检查化验结果作出诊断并给病人开药方（这相当于配方），病人按照药方抓药并按照药方规定用药的时间和用药的数量而用药（这相当于施肥），最后病人痊愈（农民按照测土配方施肥最后获得丰收）。

测土配方施肥技术的核心是调节和解决作物需肥与土壤供肥之间的矛盾。同时，有针对性地补充作物所需的营养元素，作物缺什么元素就补充什么元素，需要多少补多少，实现各种养分平衡供应，满足作物需要；达到提高肥料利用率和减少用量，提高作物产量，改善农产品品质，节省劳力，达到节支增收的目的。

一、测土配方施肥的步骤

测土配方施肥主要包括3个过程：一是对土壤中的有效养分进行测试，了解土壤养分的含量情况，这就是测土；二是根据种植的作物预计要达到的目标产量及这种作物的需肥规律和土壤养分状况，确定需要的各种肥料及用量，这就是配方；三是把所需的各种肥料进行合理安排，做基肥、种肥、追肥及确定施用比例和施用技术，这就是施肥。

二、测土配方施肥的目标

通过推广测土配方施肥技术，可达到五方面的目标：一是增产目标，即通过测土配方施肥措施使作物单产水平在原有基础上有所提高，在当前生产条件下，能最大限度地发挥作物的生产潜能；二是优质目标，即通过测土配方施肥均衡作物营养，使作物在农产品质量上得到改善；三是高效目标，即做到合理施肥、养分配比平衡、分配科学，提高肥料利用率，降低生产成本，增加施肥效益；四是环保目标，即通过测土配方施肥，减少肥料的挥发、流失等浪费，减轻对地下水硝酸盐的积累和面源污染，从而保护农业生态环境；五是改土目标，即通过有机肥和化肥的配合施用，实现耕地养分的投入产出平衡，在逐年提高单产的同时，使土壤肥力得到不断提高，达到培肥土壤、提高耕地综合生产能力的目的。

第二节 测土配方施肥如何实现增产和增效

测土配方施肥是一项先进的科学技术，在生产中应用，可以实现增产增效的作用。一是通过调肥增产增效。在不增加化肥投资的前提下，调整化肥N、P_2O_5、K_2O的比例，起到增产增收的作用。二是减肥增产增效。一些经济发达地区和高产地区，由于农户缺乏科学施肥的知识和技术，往往以高肥换取高产，经济效益很低。通过测土配方施肥技术，适当减少某一肥料的用量，以取得增产或平产的效果，实现增效的目的。三是增肥增产增效。对化肥用量水平很低或单一施用某种养分肥料的地区和田块，合理增加肥料用量或配施某一养分肥料，可使农作物大幅度增产，从而实现增效。

第三节　测土配方施肥应遵循的原则

一、有机与无机相结合的原则

实施配方施肥必须以有机肥料为基础，土壤有机质是土壤肥沃程度的重要指标。增施有机肥可以增加土壤有机质含量，改善土壤理化性状，提高土壤保水保肥能力，增加土壤微生物的活性，促进化肥利用率的提高。因此，必须坚持多种形式的有机肥料投入，才能够培肥地力，实现农业可持续发展。

二、大量、中量、微量元素相配合的原则

各种营养元素的配合是配方施肥的重要内容，随着产量的不断提高，在耕地高度集约利用的情况下，必须进一步强调氮、磷、钾肥的相互配合，并补充必要的中、微量元素，才能获得高产稳产。

三、用地与养地相结合，投入与产出相平衡的原则

要使作物—土壤—肥料形成物质与能量的良性循环，必须坚持用养结合，投入产出相平衡。否则，破坏或消耗了土壤肥力，就意味着降低了农业再生产的能力。

第四节 测土配方施肥的基本原理

测土配方施肥是以养分归还（补偿）学说、最小养分律、同等重要律、不可代替律、肥料报酬递减律和因子综合作用律等为理论依据，以确定不同养分的施用总量和配比为主要内容。为了充分发挥肥料的最大增产效益，施肥必须与选用良种、肥水管理、种植密度、耕作制度和气候变化等影响肥效的诸多因素结合，形成一套完整的施肥技术体系。

一、养分归还（补偿）学说

作物产量的形成有40%~80%的营养来自土壤，但不能把土壤看作一个取之不尽、用之不竭的“养分库”。为了保证土壤有足够的养分供应容量和强度，保持土壤的携带与输入间的平衡，必须通过施肥这一措施来实现。依靠施肥，可以把被作物吸收的养分“归还”土壤，确保土壤肥力。

养分归还学说是李比希提出来的。1837 年，李比希应英国化学促进会的邀请到利物浦做了一次“当前有机化学和有机分析”的报告，后来，以这篇报告为基础出版了《有机化学在生理学及病理学上的应用》。但这本书并没有引起人们的注意，直到1840 年出版的《化学在农业及生理上的应用》一书很快被法国、英国、美国、丹麦、荷兰、意大利、波兰和俄国翻译，才引起人们的重视。李比希在该书的第二部分“大田生产的自然规律”中论述了植物、土壤和肥料中营养物质的变化及其相互关系，较为系统地阐述了元素平衡理论和补偿学说。他把农业看作是人类和自然界之间物质交换的基础，也就是由植物从土壤和大气中吸收和同化的营养物质，被人类和动物作为食物而摄取，经过动植物体自身和动物排泄物的腐败分解过程，再重新返回到大地和大气中去，完成了物质归还。李比希提出的归还学说原意是:“由于人类在土地上种植作物并把这些产物拿走,这就必然会使地力逐渐下降,从而土壤所含的养分将会越来越少。因此,要恢复地力就必须归还从土壤中拿走的全部东西,不然就难以指望再获得过去那样的产量,为了增加产量就应该向土地施加灰分。”

二、最小养分律

作物生长发育需要吸收各种养分,但严重影响作物生长,限制作物产量的是土壤中那种相对含量最小的养分因素,也就是最缺的那种养分(最小养分)。如果忽视这个最小养分,即使继续增加其他养分,作物产量也难以再提高。只有增加最小养分的量,产量才能相应提高。经济合理的施肥方案是将作物所缺的各种养分同时按作物所需比例相应提高,作物才能高产。

随着养分归还学说的问世,特别是成功地生产了化学磷肥之后,西方国家在长期、大量的施用磷肥过程中,出现了施用磷肥不增产的现象,于是,李比希就在试验的基础上提出了应该把土壤中最缺乏的养分首先归还于土壤的观点,这就是当时“最低因子律”,也有人翻译成最小养分律。李比希表述这一定律的原意是:“植物为了生长发育需要吸收各种养分,但是,决定植物产量的却是土壤中那个相对含量最小的有效植物生长因素,产量也在一定限度内随着这个因素的增减而相对地变化。因而无视这个限制因素的存在,即使继续增加其他营养成分也难以再提高植物产量。”

这一学说几经修改,后来称为“农作物产量受土壤中最小养分制约”。直到1855年,他又这样描述:“某种元素的完全缺少或含量不足可能阻碍其他养分的功效,甚至于减少其他养分的营养作用。”因此,最小养分的产生是植物营养元素间不可代替性的结果。最小养分律的理解还应该是:植物生长要从土壤中吸收各种养分,而产量高低是由土壤中相对含量最小的有效营养元素所决定的。植物的产量随最小养分A的供应量的增加而按一定比例增加，直到其他养分B成为生长的限制因子时为止。当增加养分B时，则最小养分A的效应继续按同样比例增加，直到养分C成为限制因子时为止。如果再增加养分C，则最小养分A的效应仍继续按同样比例增加。

三、同等重要律

对农作物来讲，不论大量元素或微量元素，都是同样重要、缺一不可的，即使缺少某一种微量元素，尽管它的需要量很少，仍会影响某种生理功能而导致减产。例如，玉米缺锌导致植株矮小而出现花白苗，水稻苗期缺锌造成僵苗，棉花缺硼使得蕾而不花。微量元素与大量元素同等重要，不能因为需要量少而忽视。

（一）不可代替律

作物需要的各营养元素，在作物体内都有一定功效，相互之间不能替代。如缺磷不能用氮代替，缺钾不能用氮、磷配合代替。缺什么营养元素，就必需施用含有该元素的肥料进行补充。

（二）报酬递减律

从一定土地上所得的报酬，随着向该土地投入的劳动和资本量的增大而有所增加，但达到一定水平后，随着投入的单位劳动和资本量的增加，报酬的增加却在逐渐减少。当施肥量超过适量时，作物产量与施肥量之间的关系就不再是曲线模式，而呈抛物线模式了，单位施肥量的增产会呈递减趋势。

18世纪末，法国古典经济学家，重农学派杜尔哥深入地研究了投入与产出的关系，在大量科学实验的基础上进行了归纳，提出了报酬递减律，其基本内容是：从一定面积土地所得到的报酬随着向该土地投入的劳动和资本数量的增加而增加，但达到一定限度后，随着投入的单位劳动和资本的增加而报酬的增加速度却逐渐递减。它反映了在技术条件不变的情况下，投入与产出的关系。

1909年德国著名化学家米采利希，成功地把报酬递减律移植到农业上来。

米采利希揭示了一定条件下作物产量与施肥量之间的数量关系，国内外几十年生产实践结果也表明，作物产量与施肥量之间的关系无不遵循这一规律。因此，曾广泛被用来确定经济最佳施肥量，预测产量，估算土壤有效养分含量，并且在此基础上发展形成了肥料效应函数施肥法。

四、因子综合作用律

农作物生长发育是受综合因子影响的，而这些因子可分为两类。一类是对农作物产量产生直接影响的因子，即缺少某一种因子作物就不能完成生活周期，如水分、养分、空气、温度、光照等，从而看出，合理施肥是影响作物增产的综合因子中起主要作用的因子之一。另一类对农作物产量并非不可缺少，但对产量影响很大的因子，即属于不可预测的因子，如冰雹、台风、暴雨、冻害和病虫害等，这些中某一种因子的影响轻则减产，重则绝收。

作物产量高低是由影响作物生长发育诸因子综合作用的结果，但其中必然有一个起主导作用的限制因子，产量在一定程度上受该限制因子的制约。为了充分发挥肥料的增产作用和提高肥料经济效益，一方面，施肥措施必须与其他农业技术措施密切配合，发挥生产体系的综合功能；另一方面，各种养分之间的配合施用，也是提高肥效不可忽视的问题。

第五节 测土配方施肥方法

在当前作物产量水平较高和化肥用量日趋增多的情况下，确定经济最佳施肥量尤其特别重要。与20世纪60—70年代相比，近几年来化肥的增产效果明显下降。造成化肥肥效降低的原因虽是多方面的，但盲目施肥、施肥量偏高或养分比例失调仍是一个主要原因。因此，如何经济合理施肥、提高肥料的经济效益，已成为当前农业生产中迫切需要解决的问题。运用科学方法确定经济施肥量是当前施肥技术的中心问题，也是配方施肥决策的一项重要内容。如果施肥量确定不合理，其他施肥技术则难以发挥作用，浪费肥料或减产将是不可避免的。

根据当前我国测土配方施肥工作的经验，下面介绍3类6种确定施肥量的方法，供有关部门及读者结合具体条件选择应用。配方施肥的3类方法可以互相补充，并不互相排斥。形成一个具体配方施肥方案时，可以一种方法为主，参考其他方法，配合起来运用。这样做的好处是：可以吸收各法的优点，消除或减少存在的缺点，在产前能确定更符合实际的肥料用量。

一、地力分区（级）配方法

地力分区（级）配方法的做法是，按土壤肥力高低分为若干等级，将肥力均等的田片作为一个配方区，利用区域的大量土壤养分测试结果和已经取得的田间试验成果，结合群众的实践经验，估算出这一配方区内比较适宜的肥料种类及其施用量。

地力分区（级）配方法的优点是具有针对性强，提出的用量和措施接近当地经验，群众易于接受，推广的阻力比较小。但其缺点是，具有地区局限性，依赖于经验较多，只适用于生产水平差异小、基础较差的地区。在推行过程中，必须结合试验示范，逐步扩大科学测试手段和指导的比重。

二、目标产量配方法

目标产量配方法是根据作物产量的构成，由土壤和肥料两个方面供给养分的原理来计算施肥量。目标产量确定以后，计算作物需要吸收多少养分来决定施肥用量。目前，通用的有养分平衡法和地力差减法两种方法。

（一）养分平衡法

养分平衡法是目前国际上应用较广的一种估算施肥量的方法。其原理是：在施肥条件下农作物吸收的养分来自于土壤和肥料，农作物总需肥量与土壤供肥量之差即实现高产量的施肥量。其计算公式如下。

$$施肥量=\frac{目标产量所需养分量-土壤养分供应量}{肥料中有效养分含量\times肥料当季利用率}$$

$$=\frac{目标产量\times单位产量的养分吸收量-土壤养分供应量}{肥料中有效养分含量\times肥料当季利用率}$$

从上式可看出，计算施肥量，必须有计划产量（目标产量）、单位产量的养分吸收量、土壤养分供应量、肥料有效养分含量和肥料利用率5个参数。

（二）地力差减法

地力差减法是根据目标产量和土壤生产的产量差值与肥料生产的产量相等的关系来计算肥料的需要量，进行配方施肥的方法。所谓地力就是土壤肥力，在这里用产量作为指标。作物的目标产量等于土壤生产的产量加上肥料生产的产量。土壤生产的产量是指作物在不施任何肥料的情况下所得到的产量，即空白田产量，它所吸收的养分全部采自于土壤，从目标产量中减去空白田产量，就是施肥后所增加的产量。肥料的需要量可按下列公式计算。

$$施肥量=\frac{作物单位产量养分吸收量\times（目标产量-空白田产量）}{肥料中有效养分含量\times肥料当季利用率}$$

地力差减法的优点是不需要进行土壤测试，避免了养分平衡法每季都要测定土壤养分的麻烦，计算也比较简便。但前面已经提到，空白田产量是决定产量诸因子的综合结果，它不能反映土壤中若干营养元素的丰缺状况和哪一种养分是限制因子，只能根据作物吸收量来计算需要量。一方面，不可能预先知道按产量计算出来的用肥量，其中某些元素是否满足或已造成浪费；另一方面，空白田产量占目标产量中的比重，即产量对土壤的依赖率，是随着土壤肥力的提高而增加的，土壤肥力越高时，得到的空白田产量也越高，而施肥增加的产量就越低，从这个产量计算出来的施肥水平也就越低。因此，作物产量越高，通过施肥归还到土壤中的养分越少，特别是氮肥用量不足最容易出现地力亏损而使土壤肥力下降，而在生产实践的短期内往往不被察觉，应引起注意。

三、效应函数法

效应函数法可通过简单的对比试验或应用肥料用量试验，甚至正交、回归等试验设计，进行多点田间试验，从而选出最优的处理，确定肥料的施用量，主要有以下 3 种方法。

（一）肥料效应函数法

1. 基本原理

肥料效应函数法是以田间试验为基础，采用先进的回归设计，将不同处理得到的产量进行数理统计，求得在供试条件下产量与施肥量之间的数量关系，即肥料效应函数或肥料效应方程式。从肥料效应方程式中不仅可以直观地看出不同肥料的增产效应和两种肥料配合施用的交互效应，而且还可以计算最高产量施肥量（即最大施肥量）和经济施肥量（即最佳施肥量），以作为配方施肥决策的重要依据。

2. 肥料效应函数

作物产量对肥料的反应叫作肥料效应，反映肥料效应的数学式称作肥料效应函数（或方程式）。肥料效应函数一般都用二次多项式表示。例如，一元肥料效应函数的数学表达式为：

$$y=a+bx+cx^2$$

式中：y 为施用某一肥料后所获得的产量，x 为施肥量，a、b、c 为回归系数（可用统计方法求得），其中，a 为不施肥时的地力产量，b 为斜率，表示施肥的增产幅度，c 为曲率，表示施肥过量后产量曲线下降的趋势。

二元肥料效应函数的数学表达式为：

$$y=a+bx+cx^2+dz+ez^2+fxz$$

式中：y 为施用两种肥料后所获得的产量，x、z 分别表示氮（N）、磷（P）两种肥料（或其他两种肥料），a、b、c、d、e、f 为偏回归系数（可用统计方法求得）。其中，a 为地力产量（即不施肥时产量），b、d 分别表示施用氮、磷肥料的效应，c、e 分别表示两种肥料施用过量时的曲率，f 为施用两种肥料时的交互作用效应。

3. 推荐方法的评价

效应函数法是当前我国配方施肥的一种较好的方法。其优点：一是以田间试验为基础，因而能客观地反映具体条件下的肥料效应；二是具有较好的反馈性。其缺点是：由于该法是以田间试验为基础的，所以，需要耗费一定的资金和时间，才能获得大量可靠的数据或参数；肥料效应函数只反映具体条件下的肥料效应，因而具有严格的地域性，不能到处借用；此法技术难度较大，一般不易掌握，推广此法前必须进行技术培训，把好技术关。

（二）养分丰缺指标法

1. 基本原理

利用土壤养分测定值与作物吸收养分之间存在的相关性，对不同作物通过田间试验，把土壤养分测定值以作物相对产量的高低分等级，制成土壤养分丰缺指标及相应施肥量的检索表。当取得某一土壤的养分值后，就可以对照检索表了解土壤中该养分的丰缺情况和施肥量的大致范围。

2. 指标的确定

养分丰缺指标是土壤养分测定值与作物产量之间相关性的一种表达形式。确定土壤中某一养分含量的丰缺指标时，应先测定土壤速效养分，然后在不同肥力水平的土壤上进行多点试验，取得全肥区和缺素区的相对产量，用相对产量的高低来表达养分丰缺状况。

例如，确定氮、磷、钾的丰缺指标时，可安排NPK、PK、NK、NP 4个处理。除施肥不同外，其他栽培管理措施与大田相同。确定磷的丰缺指标时，则用缺磷（NK）区的作物产量占全肥（NPK）区的作物产量的份额表示磷的相对产量，其余类推。从多点试验中，取得一系列不同含磷水平土壤的相对产量后，以相对产量为纵坐标，以土壤养分测定值为横坐标，制成相关曲线图（图1-1）。

在取得各试验土壤养分测定值和相对产量的数据后，以土壤速效养分测定值为横坐标（x），以相对产量为纵坐标（y）作图以表达两者的相关性（一般拟合 $y=a+b\lg x$ 或 $y=x/b+ax$ 方程）。为使回归方程达显著以上水平，需在30个以上不同土壤肥力水平（即不同土壤养分测得值）的地块上安排试验，且高、中、低的土壤肥力尽量分布均匀，其他栽管措施应一致。

不同的作物有各自的丰缺指标，在配方施肥中，最好能通过试验找出当地作物丰缺指标参数，这样指导施肥才科学有效。

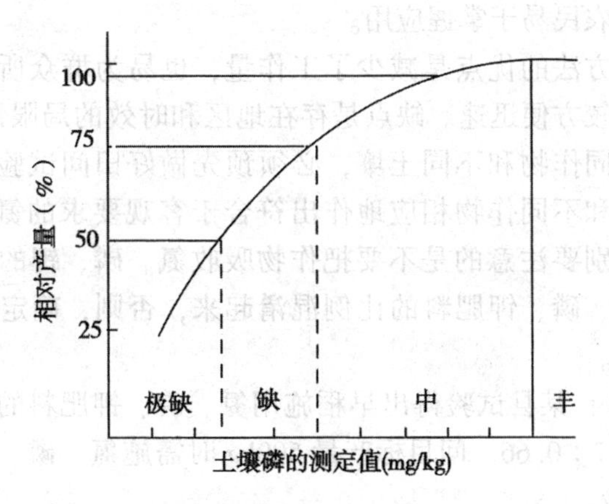

图 1-1 作物相对产量与土壤养分测定值的关系

由于制定养分丰缺指标的试验设计只用了一个水平的施肥量，因此，此法基本上还是定性的。在丰缺指标确定后，尚需在施用这种肥料有效果的地区内，布置多水平的肥料田间试验，从而进一步确定在不同土壤测定值条件下的肥料适宜用量。

3. 方法评价

此法的优点是直观性强，定肥简捷方便，缺点是精确度较差。由于土壤氮的测定值与作物产量之间的相关性较差，所以，该法一般只适用于确定磷、钾和微量元素肥料的施用量。

（三）氮、磷、钾比例法

通过一种养分的定量，然后按各种养分之间的比例关系来决定其他养分的肥料用量，例如，以氮定磷、定钾，以磷定氮等。

通过田间试验（多因子或单因子）得出氮、磷、钾的最适用量，然后计算出三者之间的比例关系，这样就可确定其中一种养分的定量，再按各种养分之间的比例关系，来决定其他养分的肥料用量。这种方法称为氮、磷、钾比例法。利用此法，根据不同土壤类型和肥力水平，可以制定出氮、磷、钾适宜配方表，使农民易于掌握应用。

这种方法的优点是减少了工作量，也易为群众所掌握，推广起来比较方便迅速。缺点是存在地区和时效的局限性。因此，要针对不同作物和不同土壤，必须预先做好田间试验，对不同土壤条件和不同作物相应地作出符合于客观要求的氮、磷、钾比例。特别要注意的是不要把作物吸收氮、磷、钾的比例与作物应施氮、磷、钾肥料的比例混淆起来，否则，确定的施肥量就不正确。

[例 1] 某县试验得出早稻施用氮、磷、钾肥料的适宜比例为 1：0. 47：0. 66。问目标产量 500kg 时需施氮、磷、钾的化肥各是多少？

解：用氮、磷、钾比例法计算施肥量，可以氮定磷、钾，也可以磷、钾定氮。

①以氮定磷、钾：先用养分平衡法把应施的氮量确定下来，然后按比例换算成磷、钾肥用量。应施氮素为：

N=500×0. 18=9（kg），折合尿素为 19. 6（kg）；

根据施肥比例，磷、钾肥用量分别为：

P_2O_5=9×0. 47=4. 23（kg），折合过磷酸钙（含 P_2O_5 16%）为 26. 4（kg）；

K_2O=9×0. 66=5. 94（kg），折合硫酸钾（含 K_2O 48. 5%）为 12. 2（kg）。

②以磷定氮、钾：先用田间试验法或丰缺指标法把磷肥用量确定下来，然后按比例求氮肥或钾肥用量。

[例 2] 测得土壤有效磷含量 10mg/kg，可施磷（P_2O_5）3kg，应施含氮 17%的碳酸氢铵多少千克？应施含 K_2O 48. 5%的硫酸钾多少千克？

解：根据上述比例关系，得 1kgP_2O_5 应配施 1/0. 47kgN，1kgP_2O_5 应配施 0. 66/0. 47 的 K_2O，则应施碳酸氢铵：3×（1/0. 47）÷17%=37. 5（kg）；应施硫酸钾：3×（0. 66/0. 47）÷

48.5%=8.7（kg）。

第六节　测土配方施肥的实施

一、土样采集、制备与化验

（一）样品采集与制备

采样人员要具有一定采样经验，熟悉采样方法和要求，了解采样区域农业生产情况。采样前，要收集采样区域土壤图、土地利用现状图、行政区划图等资料，绘制样点分布图，制定采样工作计划。准备 GPS、采样工具、采样袋（布袋、纸袋或塑料网袋）、采样标签等。

1. 土壤样品采集

土壤样品采集应具有代表性和可比性，并根据不同分析项目采取相应的采样和处理方法。

（1）采样规划。采样点的确定应在全县范围内统筹规划。在采样前，综合土壤图、土地利用现状图和行政区划图，并参考第二次土壤普查采样点位图确定采样点位，形成采样点位图。实际采样时严禁随意变更采样点，若有变更须注明理由。其中，用于耕地地力评价的土样样品采样点在全县范围内布设，采样数量应为总采样数量的10%~15%，但不得少于400个，并在第一年全部完成耕地地力评价的土壤采样工作。

（2）采样单元。根据土壤类型、土地利用、耕作制度、产量水平等因素，将采样区域划分为若干个采样单元，每个采样单元的土壤性状要尽可能均匀一致。

平均每个采样单元为100~200亩（1亩≈667平方米，下同）（平原区、大田作物每100~500亩采一个样，丘陵区、大田园艺作物每30~80亩采一个样，温室大棚作物每30~40个棚室或20~40亩采一个样。15亩为1公顷，全书同）。为便于田间示范跟踪和施肥分区，采样集中在位于每个采样单元相对中心位置的典型地块（同一农户的地块），采样地块面积为1~10亩。有条件的地区，可以农户地块为土壤采样单元。采用GPS定位，记录经纬度，精确到0.1″。

（3）采样时间。在作物收获后或播种施肥前采集，一般在秋后。设施蔬菜在晾棚期采集。果园在果品采摘后的第一次施肥前采集，幼树及未挂果果园，应在清园扩穴施肥前采集。进行氮肥追肥推荐时，应在追肥前或作物生长的关键时期采集。

（4）采样周期。同一采样单元，无机氮及植株氮营养快速诊断每季或每年采集1次；土壤有效磷、速效钾等一般2~3年采集1次；中、微量元素一般3~5年采集1次。

（5）采样深度。大田采样深度为0~20cm，果园采样深度一般为0~20cm、20~40cm两层分别采集。用于土壤无机氮含量测定的采样深度应根据不同作物、不同生育期的主要根系分布深度来确定。

（6）采样点数量。要保证足够的采样点，使之能代表采样单元的土壤特性。采样必须多点混合，每个样品取15~20个样点。

（7）来样路线。采样时应沿着一定的线路，按照“随机”、“等量”和“多点混合”的原则进行采样。一般采用“S”形布点采样。在地形变化小、地力较均匀、采样单元面积较小的情况下，也可采用“梅花”形布点取样。要避开路边、田埂、沟边、肥堆等特殊部位。蔬菜地混合样点的样品采集要根据沟、垄面积的比例确定沟、垄采样点数量。果园采样要以树干为圆点向外延伸到树冠边缘的2/3处采集，每株对角采2点。

（8）采样方法。每个采样点的取土深度及采样量应均匀一致，土样上层与下层的比例要相同。取样器应垂直于地面入土，深度相同。用取土铲取样应先铲出一个耕层断面，再平行于断面取土。所有样品都应采用不锈钢取土器采样。

(9) 样品量。混合土样以取土 1kg 左右为宜（用于推荐施肥的 0.5kg，用于田间试验和耕地地力评价的 2kg 以上，长期保存备用)，可用四分法将多余的土壤弃去。方法是将采集的土壤样品放在盘子里或塑料布上，弄碎、混匀，铺成正方形，划对角线将土样分成 4 份，把对角的两份分别合并成一份，保留一份，弃去一份。如果所得的样品依然很多，可再用四分法处理，直至所需数量为止。

(10) 样品标记。采集的样品放入统一的样品袋，用铅笔写好标签，内外各一张。采样标签样式要规范。

2. 土壤样品制备

(1) 新鲜样品。某些土壤成分如二价铁、硝态氮、铵态氮等在风干过程中会发生显著变化，必须用新鲜样品进行分析。为了能真实反映土壤在田间自然状态下的某些理化性状，新鲜样品要及时送回室内进行处理分析，用粗玻璃棒或塑料棒将样品混匀后迅速称样测定。

新鲜样品一般不宜贮存，如需要暂时贮存，可将新鲜样品装入塑料袋，扎紧袋口，放在冰箱冷藏室或进行速冻保存。

(2) 风干样品。从野外采回的土壤样品要及时放在样品盘上，摊成薄薄一层，置于干净整洁的室内通风处自然风干，严禁暴晒，并注意防止酸、碱等气体及灰尘的污染。风干过程中要经常翻动土样并将大土块捏碎以加速干燥，同时，剔除侵入体。

风干后的土样按照不同的分析要求研磨过筛，充分混匀后，装入样品瓶中备用。瓶内外各放标签一张，写明编号、采样地点、土壤名称、采样深度、样品粒径、采样日期、采样人及制样时间、制样人等项目。制备好的样品要妥善保存，避免日晒、高温、潮湿和酸碱等气体的污染。全部分析工作结束，分析数据核实无误后，试样一般还要保存 3～12 个月，以备查询。

“3414”试验等有价值、需要长期保存的样品，须保存于广口瓶中，用蜡封好瓶口。

①一般化学分析试样。将风干后的样品平铺在制样板上，用木棍或塑料棍碾压，并将植物残体、石块等侵入体和新生体剔除干净。细小已断的植物须根可采用静电吸附的方法清除。压碎的土样用2mm孔径筛过筛，未通过的土粒重新碾压，直至全部样品通过2mm孔径筛为止。通过2mm孔径筛的土样可供pH值、盐分、交换性能及有效养分等项目的测定。

将通过2mm孔径筛的土样用四分法取出一部分继续碾磨，使之全部通过0.25mm孔径筛，供有机质、全氮、碳酸钙等项目的测定。

②微量元素分析试样。用于微量元素分析的土样，其处理方法同一般化学分析样品，但在采样、风干、研磨、过筛、运输、贮存等环节，不要接触容易造成样品污染的铁、铜等金属器具。采样、制样推荐使用不锈钢、木、竹或塑料工具，过筛使用尼龙网筛等。通过2mm孔径尼龙筛的样品可用于测定土壤有效态微量元素。

③颗粒分析试样。将风干土样反复碾碎，用2mm孔径筛过筛。留在筛上的碎石称量后保存，同时将过筛的土壤称重，计算石砾质量百分数。将通过2mm孔径筛的土样混匀后盛于广口瓶内，用于颗粒分析及其他物理性状测定。

若风干土样中有铁锰结核、石灰结核或半风化体，不能用木棍碾碎，应首先将其细心拣出称量保存，然后再进行碾碎。

3. 植物样品的采集与制备

（1）采样要求。植物样品分析的可靠性受样品数量、采集方法及植株部位影响，因此，采样应具有：

——代表性：采集样品能符合群体情况，采样量一般为1kg。

——典型性：采样的部位能反映所要了解的情况。

——适时性：根据研究目的，在不同生长发育阶段，定期采样。

——粮食作物一般在成熟后、收获前采集籽实部分及秸秆；发生偶然污染事故时，在田间完整地采集整株植株样品；水果及其他植株样品根据研究目的确定采样要求。

(2) 样品采集。

①粮食作物。由于粮食作物生长的不均一性，一般采用多点取样，避开田边2m，按“梅花”形（适用于采样单元面积小的情况）或“S”形采样法采样。在采样区内采取10个样点的样品组成一个混合样。采样量根据检测项目而定，籽实样品一般1kg左右，装入纸袋或布袋。要采集完整植株样品可以稍多些，约2kg，用塑料纸包扎好。

②棉花样品。棉花样品包括茎秆、空桃壳、叶片、籽棉等部分。样株选择和采样方法参照粮食作物。按样区采集籽棉，第一次采摘后将好棉放在通透性较好的网袋中晾干（或晒干），以后每次收获时均装入网袋中，各次采摘结束后，将同一取样袋中的籽棉作为该采样区籽棉混合样。

③油菜样品。油菜样品包括好粒、角壳、茎秆、叶片等部分。样株选择和采样方法参照粮食作物。鉴于油菜在开花后期开始落叶，至收获期植株上叶片基本全部掉落，叶片的取样应在开花后期，每区采样点不应少于10个（每点至少1株），采集油菜植株全部叶片。

④水果样品。平坦果园采样时，可采用对角线法布点采样，由采样区的一角向另一角引一对角线，在此线上等距离布设采样点，采样点多少根据采样区域面积、地形及检测目的确定。山地果园应按不同海拔高度均匀布点，采样点一般不应少于10个。对于树型较大的果树，采样时应在果树的上、中、下、内、外部及果实着生方位（东南西北）均匀采摘果实。将各点采摘的果品进行充分混合，按四分法缩分，根据检验项目要求，最

后分取所需份数，每份 1kg 左右，分别装入袋内，粘贴标签，扎紧袋口。水果样品采摘时要注意树龄、长势、载果数量等。

⑤蔬菜样品。蔬菜品种繁多，可大致分成叶菜、根菜、瓜果三类，按需要确定采样对象。

菜地采样可按对角线或“S”形法布点，采样点不应少于 10 个，采样量根据样本个体大小确定，一般每个点的采样量不少于 1kg。从多个点采集的蔬菜样，按四分法进行缩分，其中，个体大的样本，如大白菜等可采用纵向对称切成 4 份或 8 份，取其 2 份的方法进行缩分，最后分取 3 份，每份约 1kg，分别装入塑料袋，粘贴标签，扎紧袋口。

如需用鲜样进行测定，采样时最好连根带土一起挖出，用湿布或塑料袋装，防止萎蔫。采集根部样品时，在抖落泥土或洗净泥土过程中应尽量保持根系的完整。

市场采样可参照市场水果取样方法进行。

（3）标签内容。包括采样序号、采样地点、样品名称、采样人、采集时间和样品处理号等。

（4）采样点调查内容。包括作物品种、土壤名称（或当地俗称）、成土母质、地形地势、耕作制度、前茬作物及产量、化肥农药施用情况、灌溉水源、采样点地理位置简图。果树要记载树龄、长势、载果数量等。

（5）植株样品处理与保存。粮食籽实样品应及时晒干脱粒，充分混匀后用四分法缩分至所需量。需要洗涤时，注意时间不宜过长并及时风干。为了防止样品变质、虫咬，需要定期进行风干处理。使用不污染样品的工具将籽实粉碎，用 0.5mm 筛子过筛制成待测样品。带壳类粮食如稻谷应去壳制成糙米，再进行粉碎过筛。测定重金属元素含量时，不要使用能造成污染的器械。

完整的植株样品先洗干净，根据作物生物学特性差异，采用能反映特征的植株部位，用不污染待测元素的工具剪碎样品，充分混匀用四分法缩分至所需的量，制成鲜样或于 60℃烘箱中烘干后粉碎备用。

田间（或市场）所采集的新鲜水果、蔬菜、烟叶和茶叶样品若不能马上进行分析测定，应暂时放入冰箱保存。

（二）土壤与植物测试

1. 土壤测试

(1) 土壤质地。国际制，指测法或比重计法（粒度分布仪法）测定。

(2) 土壤容重。环刀法测定。

(3) 土壤水分。

①土壤含水量。烘干法测定。

②土壤田间持水量。环刀法测定。

(4) 土壤酸碱度和石灰需要量。

①土壤 pH 值。土液比1：2.5，电位法测定。

②土壤交换酸。氯化钾交换—中和滴定法测定。

③石灰需要量。氯化钙交换—中和滴定法测定。

(5) 土壤阳离子交换量。EDTA-乙酸铵盐交换法测定。

(6) 土壤水溶性盐分。

①土壤水溶性盐分总量。电导率法或重量法测定。

②碳酸根和重碳酸根。电位滴定法或双指示剂中和法测定。

③氯离子。硝酸银滴定法测定。

④硫酸根离子。硫酸钡比浊法或 EDTA 间接滴定法测定。

⑤钙、镁离子。原子吸收分光光度计法测定。

⑥钾、钠离子。火焰光度法或原子吸收分光光度计法测定。

(7) 土壤氧化还原电位。电位法测定。

(8) 土壤有机质。油浴加热重铬酸钾氧化容量法测定。

(9) 土壤氮。

①土壤全氮。凯氏蒸馏法测定。

②土壤水解性氮。碱解扩散法测定。

③土壤铵态氮。氯化钾浸提—靛酚蓝比色法测定。

④土壤硝态氮。氯化钙浸提—紫外分光光度计法或酚二磺酸比色法测定。

（10）土壤有效磷。碳酸氢钠或氟化铵-盐酸浸提—钼锑抗比色法测定。

（11）土壤钾。

①土壤缓效钾。硝酸提取—火焰光度计、原子吸收分光光度计法或 ICP 法测定。

②土壤速效钾。乙酸铵浸提—火焰光度计、原子吸收分光光度计法或 ICP 法测定。

（12）土壤交换性钙镁。乙酸铵交换—原子吸收分光光度计法或 ICP 法测定。

（13）土壤有效硫。磷酸盐-乙酸或氯化钙浸提—硫酸钡比浊法测定。

（14）土壤有效硅。柠檬酸或乙酸缓冲液浸提—硅钼蓝比色法测定。

（15）土壤有效铜、锌、铁、锰。DTPA 浸提—原子吸收分光光度计法或 ICP 法测定。

（16）土壤有效硼。沸水浸提—甲亚胺-H 比色法或姜黄素比色法或 ICP 法测定。

（17）土壤有效钼。草酸-草酸铵浸提—极谱法测定。

2. 植物测试

（1）全氮、全磷、全钾。硫酸—过氧化氢消煮，或水杨酸—锌粉还原，硫酸—加速剂消煮，全氮采用蒸馏滴定法测定；全磷采用钒钼黄或钼锑抗比色法测定；全钾采用火焰光度法或原子吸收分光光度计法测定。

（2）水分。常压恒温干燥法或减压干燥法测定。

（3）粗灰分。干灰化法测定。

（4）全钙、全镁。干灰化—稀盐酸溶解法或硝酸—高氯酸消煮，原子吸收分光光度计法或ICP法测定。

（5）全硫。硝酸—高氯酸消煮法或硝酸镁灰化法，硫酸钡比浊法或ICP法测定。

（6）全硼、全钼。干灰化—稀盐酸溶解，硼采用姜黄素或甲亚胺比色法测定，钼采用石墨炉原子吸收法或极谱法测定。

（7）全量铜、锌、铁、锰。干灰化或湿灰化，原子吸收分光光度计法或ICP法测定。

3. 土壤、植株营养诊断（选测项目）

（1）土壤硝态氮田间快速诊断。水浸提，硝酸盐反射仪法测定。

（2）冬小麦/夏玉米植株氮营养田间诊断。小麦茎基部、夏玉米最新展开叶叶脉中部榨汁，硝酸盐反射仪法测定。

（3）水稻氮营养快速诊断。叶绿素仪或叶色卡法测定。

二、配方设计及配方肥的加工

基于田块的肥料配方设计首先确定氮、磷、钾养分的用量，然后确定相应的肥料组合，通过提供配方肥料或发放配肥通知单，指导农民使用。肥料用量的确定方法主要包括土壤与植物测试推荐施肥方法、肥料效应函数法、土壤养分丰缺指标法和养分平衡法。

三、配方加工

最终肥料配方形成后，肥料企业的研发人员以各种单质或复混肥料为原料，考虑各原料肥的适混适配性质，生产出合格的配方肥料。目前，有两种配方方式：农民根据各级农业技术推广部门推荐的配方建议卡自行购买各种肥料，配合施用和由肥料企业（或配肥企业）按照配方加工配方肥料；农民购买施用、适合当地土壤养分特征的配方肥料。从农业技术推广部门研发的配方到农民最终购买的配方肥料以市场化运作、工厂化生产、连锁化经营，这种流通模式最具活力。多年来，梨树县农业技术推广总站和四平天丰化肥厂合作，由梨树县农业技术推广总站试验研究配方，四平天丰化肥厂生产，各乡镇农业站销售，每年生产销售配方肥近万吨，深受广大农民欢迎。

四、掺混肥料（BB 肥）的生产

本节主要介绍掺混肥料（BB 肥）的生产。BB 肥（Bulk Blending Fertilizers）——掺混肥料的一种，英文原意是掺混的散装颗粒肥料。BB 肥的生产是在化验土壤养分及结构的基础上，根据作物需肥规律、土壤供肥性能和化肥肥效，通过科学计算氮、磷、钾大量元素和中微量元素用量，将一定规格的颗粒化的不同类型的肥料，按比例进行物理混配而制成的专用肥料的过程。BB 肥的优点表现是：①氮、磷、钾养分比例可以根据不同作物和土壤性能对养分的需求进行灵活配制，应用后效果明显，真正落实了平衡配套施肥技术；②生产过程简单，配比可根据客户要求进行，且生产数量也不受限制；③BB 肥为颗粒肥料，使用时安全方便，同时，生产中基本无“三废”等环境污染物排放；④节本增产增收，因肥料是采用科学配方配比而成，化肥利用率、作物产量及综合效益均有明显的提高；⑤能生产高浓度的复混肥，总养分可达 57%以上，特别是氮含量（N）可达 30%以上。BB 肥与其他肥料一样，也存在易吸潮、结块且分层的缺点。

五、合理施肥

最常用的施肥方法有撒施、条施、穴施、轮施和放射状施等。

（一）撒施与条施

撒施是将肥料用人工或机械均匀撒施于田面的方法，一般未栽种作物的农田施用基肥时常用此法。对大田密植的粮食作物施用追肥，如南方的水稻和小麦，有时也用此法。有机肥和化肥均可采用撒施。撒施方法如能结合耕耙作业，将肥料施于耕地前或耕地后耙地前，均可增加化肥与土壤混合的均匀度，有利于作物根系的伸展和早期吸收。在土壤水分不足、地面干燥，或作物种植密度稀而又无其他措施使肥料与土壤混合时，如采用撒施田面的施肥法，往往会增加肥料的损失，降低肥效。

将肥料成条施用于作物行间土壤的方法称为条施。条施同样可用机械和手工进行。条施方法一般在栽种作物后追肥时采用。对多数作物条施须事先在作物行间开好施肥沟，深5~10 cm，施肥后覆土；但在土面充分湿润或作物种植行有明显土垄分隔时，也可事先不开沟，而将肥料成条施用于土面，然后覆土。

“施肥一大片，不如一条线”。一般来说，条施比撒施的肥料集中，有利于将肥料施到作物根系层，并可与灌水措施相结合，更易达到深施的目的，因而肥效比较高。成行或单株种植的作物，如棉花、玉米、茶叶、烟草等，一般都采用开沟条施。但若只对作物种植行实行单面条施，在施肥后的短期内，作物根系及地上部可能出现向施肥的一侧偏长的现象。

有机肥和化肥都可采用条施。在多数条件下，条施肥料都须开沟后施入沟中并覆土，有利于提高肥效。干旱地区或干旱季节，条施肥料常可结合灌水后覆土。

（二）穴施

在作物预定种植的位置或种植穴内，或在苗期按株或在两株间开穴施肥称为穴施。穴深5~10cm，施肥后覆土。

穴施是一种比条施更能使肥料集中的施用方法。对单株种植的作物，若施肥量较小并须计株分配肥料或须与浇水相结合、又要节约用水时，一般都可采用穴施。穴施也是一些直播作物将肥料与种子一起放入播种穴（种肥）的好方法。

有机肥和化肥都可采用穴施。为了避免穴内浓度较高的肥料伤害作物根系，采用穴施的有机肥须预先充分腐熟，化肥须适量，施肥穴的位置和深度均应注意与作物根系保持适当的距离，施肥后覆土前尽量结合灌水。

（三）轮施和放射状施

以作物主茎为圆心，将肥料作轮状或放射状施用时称为轮施和放射状施。一般用于多年生木本作物，尤其是果树。这些作物的种植密度稀，如多数果树的栽植密度在每亩60~150 株，株间距离远，单株的根系分布与树冠面积大，而主要吸收根系呈轮状较集中的分布于周边，如采用撒施、条施或穴施的施肥方法，将很难使肥料与作物的吸收根系充分接触和被吸收。

轮施的基本方法为以树干为圆心，沿地上部树冠边际内对应的田面开挖轮状施肥沟，施肥后覆土。沟一般挖在边线与圆心的中间或靠近边线的部位；可围绕圆心挖成连续的圆形沟，也可间断地以圆心为中心挖成对称的2~4条一定长度的月牙形沟。施肥沟的深度随树龄和根系分布深度而异，一般以施至吸收根系附近又能减少对根的伤害为宜。施肥沟的面积一般比大田条施时宽。在秋、冬季对果树施用大量有机肥时，也可结合耕地松土在树冠下圆形面积内普施肥料，施肥量可稍大。

如果以树干为圆心向外放射至树冠覆盖边线开挖 4 条左右施肥沟时，称为放射状施肥法。沟深与沟宽也应随树龄、根系分布与肥料种类而定。

（四）施肥时期

对作物施用的肥料，在作物种植前、种植时及种植后的任何时间均可使用，即可以在不同的施肥时期施肥。施肥时期的确定，主要依据作物种类、土壤肥力、气候条件、种植季节和肥料性质。而以作物的种类、栽培类型和营养特点为基础，一般分基肥、种肥和追肥 3 个主要时期。对同一种作物，通过不同时期施用的肥料间互相影响与配合，促进肥效的充分发挥。

1. 基肥

在作物播种或移栽前施用的肥料称基肥。习惯上将有机肥作基肥施用。现代施肥技术中，化肥用作基肥日益普遍。一般基肥的施用量较大，可把几种肥料，如有机肥和氮、磷、钾化肥同时施用，也可与机械耕耙作业结合进行，施肥的效率高，肥料能施得深。对多年生作物，一般把秋、冬季施用的肥料称作基肥。化肥中磷肥和大部分钾肥主要作基肥施用，对生长期短的作物，也可把较多氮肥用作基肥。

由于基肥能结合深耕，并同时施入有机肥和化肥，故对培肥土壤的作用较大，也较持久。

2. 种肥

种肥是与作物种子播种或幼苗定植时一起施用的肥料。其施用方式有多种。在采用机械播种时，混施种肥最方便；但混施的肥料只限于腐熟的有机肥料和缓（控）效肥料，一般可施于播种行、播种穴或定植穴中，即种子或幼苗根系附近；也可在作物种子播种时将肥料与泥土等混合盖于种子上，俗称盖籽肥。用作种肥的肥料，以易于被作物幼根系吸收，又不影响幼根和幼苗生长为原则。因而要求有机肥要充分腐熟，化肥要求速效，但养分含量不宜太高，酸碱度要适宜，在土壤溶液中的解离度不能过大或盐度指数不能过高，以防在种子周围土壤水分不足时与种子争水，形成浓度障碍，影响种子发芽或幼苗生长。氮肥中以硫铵较好，磷肥中可用已中和游离酸的氨化普钙，钾肥中可用硫酸钾。其他品种的化肥，只有在严格控制用量并与泥土等掺和后才可用。微量元素肥料也可同时掺入，但数量应严格控制。

种肥的用量一般很少，氮、磷、钾化肥实物量每亩一般 <3～5kg，有机肥最好能腐熟过筛，一般在种子重量的 2 倍左右。

种肥是一种节约肥料、提高肥效的施肥方法。水稻等作物幼苗移栽时在秧根上蘸些肥料（磷肥或氮、磷肥），称作“蘸秧根”，也是一种施用种肥的方式。另一种方式是在播种前将种子包上一层含有肥料的包衣，如包在玉米种子或紫云英种子上，也称种子球化，能起到较好的种肥作用。

3. 追肥

作物生长期间所施的肥料通称为追肥。作物的生长期越长，植株越高大，追肥的必要性越大。追肥一般用速效化肥，有时也配施一些腐熟有机肥。追肥的时间由每种作物的生育期决定，如水稻等粮食作物的分蘖期、拔节期、孕穗期和棉花、番茄等的开花期、坐果（桃）期等。由于同一作物的全生育期中，可以追肥几次，故具体的追肥时期常以作物的生育时期命名，如对水稻、小麦有分蘖肥、拔节肥、穗肥等，对结果的作物有开花肥、坐果肥等。

六、宣传培训

（一）开展多种形式的宣传活动

1. 公共媒体宣传

充分利用广播、电视、报纸等公共媒体的作用加强宣传，在公共媒体上开辟专栏，或与媒体合作制作专题或制作影视画剧等方式，向领导与主管部门宣传，强化对测土配方施肥的关心和支持，向农民宣传，宣传测土配方施肥对农业生产的好处，激发农民的应用热情。

2. 一般媒体宣传

就是应用农村小报、黑板报、墙体广告、农情小资料等宣传，不断扩大测土配方施肥的宣传面。

3. 流动宣传

利用土壤采样、农户调查和流动培训的机会，面对面地向农民宣传讲解测土配方施肥，巡回流动向农民宣传。

（二）组织多种形式的培训活动

1. 充分利用农闲培训

每年在冬、春农闲时期，要组织力量对农业技术人员特别是一线的技术人员、专业服务组织、种植大户等进行集中系统培训，强化技术的普及和操作技能的提高。

2. 充分利用媒体培训

采取定期或不定期的方式在媒体上刊登技术知识、开展技术讲座、介绍时事关键技术，让农民无时无刻都能学到、用到技术。

3. 充分利用会议培训

充分利用各种会议开展技术讲座，培训实用技术等。

4. 积极开展现场培训

一是充分利用现场观摩的形式组织人员对农民进行现场培训；二是组织专家深入田间地头对农民、进行巡回指导、现场培训；三是种植大户或专业合作组织对周围农户进行现场辐射培训。

5. 强化交流学习

有条件的地方要积极组织农业技术员、种植大户和专业合作组织人员到外地参观考察学习，学习各地的好经验、好做法、新技术。

（三）印发资料

宣传培训一定要配合相关资料的印发。一是印发宣传资料，配合典型事例、技术小知识的介绍，广泛宣传测土配方施肥；二是印发技术资料，采用图、文、表等多种形式，广泛印发测土配方施肥技术知识；三是印发技术小册子，以问答、技术介绍等方式全面系统介绍测土配方施肥技术。

通过多途径、多方式的宣传培训活动，使测土配方施肥技术在项目区域内做到家喻户晓、人人会用。使领导能真正了解、支持测土配方施肥工作，不断增加对测土配方施肥事业的投入。使社会各个方面能积极参与、支持测土配方施肥工作，推进测土配方施肥的长久发展。

七、校正试验

校正试验的目的是为了检验肥料配方的准确性，最大限度地减少配方施肥批量生产和大面积应用的风险。具体由县级技术人员根据优化设计提出的不同施肥分区的作物肥料配方、在相应的施肥小区范围内布置配方验证试验，设置配方施肥区、农户习惯施肥区、空白施肥区 3 个处理，以当地主要作物的主栽品种为研究对象，计算配方施肥小区的增产效果，校验施肥参数，验证并完善肥料配方。县级技术人员通过校正试验可以改进测土配方施肥的技术参数，掌握配方验证过程和最终配方的形成过程。

八、示范推广

针对测土配方施肥农户地块的测土结果和作物种植类型，编制测土配方施肥建议卡，由技术人员和村委会发放到户，在农技员指导下完成最后的施肥环节；或者根据不同施肥分区指导施用配方肥。要建立测土配方施肥示范区，为农民创建窗口，树立样板，全面展示测土配方施肥技术效果。测土配方施肥的示范推广工作是将测土配方施肥技术物化的产品，把生产出的配方肥推荐给广大农民，直接应用在农民的地里。2007 年，梨树县抓住社会主义新农村建设的大好契机，以测土配方施肥为切入点，在全县开展了“333”现代农业科学技术入户工程。即在全县 314 个行政村，重新组建了具有新特点的 300 个村级农业技术服务站，遴选并培植了3 000个农业科技示范户，每个屯社基本保证有1~2个农业科技示范户，并通过这些示范户带动30 000户农民开展测土配方施肥。打破技术推广“最后1千米”的“坚冰”，这个工作是对基层农业技术推广工作的一次考验。

每667公顷测土配方施肥田设2~3个示范点，进行田间对比示范。示范设置常规施肥对照区和测土配方施肥区两个处理，另外，加设一个不施肥的空白处理。其中，测土配方施肥、农民常规施肥处理不少于13.34公顷时，空白（不施肥）处理不少于2公顷。其他参照一般肥料试验要求，通过田间示范综合比较肥料投入、作物产量、经济效益、肥料利用率等指标，客观评价测土配方施肥效益，为测土配方施肥技术参数的校正及进一步优化肥料配方提供依据。田间示范应包括规范的田间记录档案和示范报告。

第二章　主要粮油作物的施肥技术

第一节　主要粮油作物的需肥特性

一、水稻的需肥特性

（一）水稻的需肥量

水稻正常生长发育需要适量的碳、氢、氧、氮、磷、钾、铁、锰、铜、锌、硼、钼、氯、硅、钙、镁、硫、硒等多种营养元素。在水稻吸收的矿质营养元素中，吸收量多而土壤供给量又常常不足的主要是氮、磷、钾三要素。水稻养分吸收量，因产量水平不同、生长环境不同而有所差异，每亩产 500kg 稻谷和 500kg 稻草，从土壤中吸收纯氮 8. 5～12. 5kg，磷 4～6. 5kg，钾 10. 5～16. 5kg。水稻形成 100kg 籽粒，吸收氮在 2kg 左右，高产田略低些，低产田高些；吸收磷 0. 9kg 左右，但随产量升高 100kg 籽粒以上吸收量增大到 2. 1kg 左右。每生产 100kg 稻谷（籽粒），对氮、磷、钾的吸收量是氮（N）2. 1～2. 4kg，磷（P_2O_5）1. 25kg，钾（K_2O）3. 13kg，氮、磷、钾的比例约为 2∶1∶3。而杂交水稻形成 100kg 稻谷（籽粒），氮、磷、钾养分的吸收量分别为 2kg、0. 9kg、3kg。上述吸肥比例也因水稻品种类型、栽培地区、栽培季节、土壤性质、施肥水平以及产量高低而异，故只能作为计算施肥量的参考。此外，水稻吸收硅的数量很大，生产 100kg 稻谷（籽粒），吸收 17. 5～20kg 硅，生产 500kg 稻谷（籽粒）吸收硅 87. 5～100kg，故高产栽培时，应采取稻草还田，施用秸秆堆肥或硅酸肥，以满足水稻对硅的需要。

（二）水稻各生育期需肥规律

1. 水稻不同生育期对养分的吸收

水稻自返青至孕穗期，各种营养元素吸收总量增加较快。自孕穗期以后，吸收各种元素增加的幅度有所不同。对氮素来说，至孕穗期已吸收生长全过程总量的80%，其中磷为60%，钾为82%。

水稻植株吸收氮量有分蘖期和孕穗期两个高峰。据研究，早稻吸收氮素在分蘖期为总量的35.5%，孕穗期为总量的48.6%。吸收磷量在分蘖至拔节期是高峰（约占总量的50%），抽穗期吸收量也较高。钾的吸收量集中在分蘖至孕穗期。自抽穗期以后，氮、磷、钾的吸收量都已微弱，所以在灌浆期所需养分，大部分是抽穗期以前植株体内所贮藏的。

杂交水稻各个时期的吸肥状况研究结果，氮的吸收在生育前期和中期与常规稻基本相同，所不同的是在齐穗和成熟阶段杂交水稻还吸收24.6%的氮素，这一特性使杂交水稻在生育后期仍保持较高的氮素浓度和较高的光合效率，有利于青穗黄熟，防止早衰。杂交水稻在齐穗后还要吸收19.2%的钾素，这有利于加强光合作用和光合产物的运转，提高结实率和千粒重。

2. 不同类型水稻对养分的吸收

双季稻是我国长江以南地区普遍栽培的水稻类型，分早稻和晚稻。它们有共同的特点：生育期短，养分吸收强度大，需肥集中且需肥量大，但由于生长季节的不同，养分的吸收上也有一定的差别。一般说来，从移栽到分蘖终期早稻吸收的氮、磷、钾量占一生中总吸收量的百分数比晚稻要高。早稻吸收氮、磷、钾的量分别占总吸收量的35.5%、18.7%、21.9%，而晚稻吸收氮、磷、钾的量分别占总吸收量的23.3%、15.9%、

20.5%。早稻的吸收量高于晚稻，尤其是氮；从出穗至结实成熟期，早稻吸收氮、磷、钾有所下降，分别是15.9%、24.3%、16.2%，而晚稻为19%、36.7%、27.7%，可见晚稻后期对养分的吸收高于早稻。中稻从移栽到分蘖期停止时，氮、磷、钾吸收量均已接近总吸收量的50%。整个生育期中平均每日吸收氮、磷、钾数量最多的时期为幼穗分化至抽穗期，其次是分蘖期。不论何种类型的水稻，在抽穗前吸收的氮、磷、钾数量已占吸收量的大部分，所以各类肥料均以早施为好。

（三）稻田的供肥性能

1. 稻田土壤的供肥量

水稻吸收的养分，有相当一部分是由土壤供给的。其供给量主要取决于土壤养分的贮存量及其有效状况。前者称为供应容量，后者则称为供应强度。供应容量和土壤中有机质含量、母质成分及灌溉水质等状况有关；供应强度则受土壤中有机质的性质、土壤结构、酸碱度和氧化还原电位、微生物组成及土壤温度等影响。在一般情况下，稻田土壤氮素释放高峰在8月初至9月中旬，其次为6月中旬至7月底。稻田土壤磷的有效性随渍水时间增加而提高。稻田渍水后，土壤速效钾含量明显增加，一般在早稻插秧时已达高峰值，而在晚稻插秧时已明显下降，所以晚稻更重视钾肥施用。

2. 稻田肥料的利用率

施入稻田的肥料，一部分被水稻植株利用，一部分被土壤固定，还有一部分被淋溶、挥发而损失。被吸收利用的部分占施入量的比率称为肥料利用率。肥料施入稻田后，土壤溶液中养分浓度增加，但随着养分的被吸收利用、被固定和流失等，溶液中的养分逐渐降低到原来的程度，其经历的时间称为肥效期。稻田的肥料利用率和肥效期与肥料种类、土壤环境、施肥方法等都有密切关系。一般氮肥利用率为30%～50%，磷肥为

12%~20%。氮素化肥在稻田中的利用率以硫酸铵为最高，其次是尿素。有机肥料分解慢，释放养分量少，但肥效长。各种有机肥料因其C/N及腐熟程度不同，其利用率有很大差别。不同时期施肥的利用率有较大差异，这主要和根量及气候条件有关。施肥方法对肥料利用率亦有很大影响。据中国农业科学院土壤肥料研究所试验，磷肥撒施易被固定，利用率仅为7.4%，如集中施到根部，利用率达22.4%。硝态氮在无水层时施用利用率较高，在有水层时因还原作用易造成脱氮损失；铵态氮则以有水层施用利用率高。

二、小麦的需肥特性

（一）小麦的施肥量

小麦对氮、磷、钾的吸收量因品种、气候、生产条件、产量水平、土壤和栽培措施不同而有差异。例如，山东省农业科学院测定，冬小麦每亩产304.8kg；每生产50kg籽粒，吸收氮1.46kg、磷0.48kg、钾1.46kg。河南省分析，冬小麦每亩产500kg；每生产50kg籽粒，吸收氮1.53kg、磷0.66kg、钾2.4kg。综合各地资料分析，在目前中等产量水平下，每生产100kg籽粒，需从土壤中吸取氮（N）3kg、磷（P_2O_5）1~1.5kg、钾（K_2O）3~4kg。随着小麦产量的提高，对氮、磷、钾的吸收比例也相应提高。

（二）小麦各生育期需肥规律

小麦对氮、磷、钾养分的吸收量，随着植株营养体的生长和根系的建成，从苗期、分蘖期至拔节期逐渐增多，于孕穗期达到高峰。小麦不同生育期吸收氮、磷、钾养分的吸收率不同。氮的吸收有两个高峰：一个时期是从分蘖到越冬。这个时期小麦麦苗虽小，但这一时期的吸氮量占总吸收量的13.5%，是群体发展较快的时期。另一个时期是从拔节到孕穗。这一时期植株迅速生长，对氮的需要量急剧增加，吸氮量占总吸收量的37.3%，是吸氮最多的时期。对磷、钾的吸收，一般随小麦生长的推移而逐渐增多，拔节后吸收率急剧增长，40%以上的磷、钾养分是在孕穗以后吸收的。苗期是小麦的营养生长期，氮素代谢旺盛，同时对磷、钾反应敏感，所以施足基肥能促进早分蘖、早发根，为麦苗安全过冬、壮秆大穗打下基础。拔节期，小麦生殖生长和营养生长并进，养分的吸收和积累多，氮、钾积累量已达最大值的一半，磷占40%左右。孕穗期，养分吸收和积累达最大，地上部氮的积累量已达最大量的80%左右，磷、钾在85%以上。抽穗开花以后，小麦根系吸收能力减弱至丧失，养分吸收量随之减少并趋于停止。

氮素在小麦冬前分蘖期和幼穗分化期，磷素在小麦三叶期，钾素在小麦拔节期是关键时期；而养分最大的效率期是氮素在拔节至孕穗期，磷素在抽穗至开花期，钾素在孕穗期。

小麦虽然吸收锌、硼、锰、铜、钼等微量元素的绝对数量少，但微量元素对小麦的生长发育起着十分重要的作用。据试验资料，每生产100kg小麦需吸收锌约9g。在不同的生育期，吸收的大致趋势是：越冬前较多，返青、拔节期吸收量缓慢上升，抽穗成熟期吸收量达到最高、占整个生育期吸收量的43.2%。

三、玉米的需肥特性

（一）玉米对肥料三要素的需要量

玉米是需肥水较多的高产作物，一般随着产量的提高所需营养元素也在增加。玉米全生育期吸收的主要养分中，以氮为多、钾次之、磷较少。玉米对微量元素尽管需要量少，但不可忽视，特别是随着施肥水平提高，施用微肥的增产效果更加显著。

综合国内外研究资料来看，一般每生产100kg籽粒，需吸收氮（N）2.2～4.2kg，磷（P_2O_5）0.5～1.5kg，钾（K_2O）1.5～4kg，肥料三要素的比例约为3∶1∶2。其中春玉米每生产100kg籽粒吸收氮、磷、钾分别为3.47、1.14和3.02kg，氮∶磷∶钾为3∶1∶2.7；套种玉米吸收氮、磷、钾分别为2.45、1.41和1.92kg，氮∶磷∶钾为1.7∶1∶1.4；夏玉米吸收氮、磷、钾分别为2.59kg、1.09kg和2.62kg，氮∶磷∶钾为2.4∶1∶2.4。吸收量常受播种季节、土壤肥力、肥料种类和品种特性的影响。据全国多点试验，玉米植株对氮、磷、钾的吸收量常随产量的提高而增多。

（二）玉米各生育期的需肥规律

苗期生长缓慢，只要施足基肥，施好种肥，便可满足其需要；拔节以后至抽穗前，茎叶旺盛生长，内部的穗部器官迅速分化发育，是玉米一生中养分需求最多的时期，必须供应较多养分，达到穗大、粒多；生育后期，植株抽雄吐丝和受精结实后，籽粒灌浆时间较长，仍需供应一定的肥、水，使之不早衰，确保正常灌浆。春玉米全生育期较长，前期外界温度较低，生长较为缓慢，以发根为主，栽培管理上适当蹲苗，需求肥、水的高峰比夏玉米来得晚。到拔节、孕穗时对养分的吸收开始加快，直到抽雄开花达到高峰。在后期灌浆过程中吸收数量减少。春玉米需肥可分为两个关键时期，一是拔节至孕穗期，二是抽雄至开花期。玉米对肥料三要素的吸收如下。

1. 氮素的吸收

春玉米苗期到拔节期吸收的氮占总氮量的9.24%，日吸收量0.22%；拔节期到授粉期吸收的氮占总氮量的64.85%，日吸收量2.03%；授粉至成熟期，吸收的氮占总氮量的25.91%，日吸收量0.72%。夏玉米苗期至拔节期氮素吸收量占总氮量的10.4%～12.3%，拔节期至抽丝初期氮吸收量占总氮量的66.5%～73%，籽粒形成至成熟期氮的吸收量占总氮量的

13.7%~23.1%。

2. 磷素的吸收

春玉米苗期至拔节期吸收的磷占总磷量的4.3%，日吸收量0.1%；拔节期至授粉期吸收磷占总磷量的48.83%，日吸收量1.53%；授粉至成熟期，吸收磷占总磷量的46.87%，日吸收量1.3%。夏玉米苗期吸磷少，约占总磷量的1%，但相对含量高，是玉米需磷的敏感时期。抽雄期吸收磷达到高峰，占总磷量的38.8%~46.7%。籽粒形成期吸收速度加快，乳熟至蜡熟期达最大值，成熟期吸收速度下降。

3. 钾素的吸收

春玉米体内钾的积累量随生育期的进展而不同。苗期吸收积累速度慢，数量少。拔节前钾的积累量仅占总钾量的10.97%，日累积量0.26%；拔节后吸收量急剧上升，拔节到授粉期累积量占总钾量的85.1%，日累积量达2.66%。夏玉米钾素的吸收累积量似春玉米，展三叶累积量仅占2%，拔节后增至40%~50%，抽雄吐丝期累积量达总量的80%~90%。籽粒形成期钾的吸收处于停止状态。由于钾的外渗、淋失，成熟期钾的总量有降低的趋势。

四、甘薯需肥特性

（一）甘薯对肥料三要素的需要量

甘薯的生长过程分为4个阶段：一是发根缓苗阶段。指薯苗移栽插后，入土各节发根成活，地上开始长出新叶。二是分枝结薯阶段。这个阶段根系继续发展，腋芽和主蔓延长，叶数明显增多，小薯块开始形成。三是茎叶旺长阶段。指茎叶从覆盖地面开始至生长最高峰。这一时期茎叶迅速生长，生长量约占整个生长期总量的60%。地下薯块明显增重，也为蔓薯同长阶段。四是茎叶衰退、薯块迅速肥大阶段。指茎叶生长由盛转衰直至收获期，以薯块肥大为中心。甘薯因根系深而广，茎蔓能着地生根，吸肥能力强。在贫瘠的土壤上也能收到一定的产量，这往往使人误认为甘薯不需要施肥。实践证明，甘薯是需肥性很强的作物。甘薯对肥料三要素的吸收量以钾为最多，氮次之，磷最少。据资料统计，一般生产1 000kg薯块，需从土壤中吸收氮3.93kg、磷1.07kg、钾6.2kg，氮、磷、钾的比例为1∶0.27∶1.58。氮、磷、钾比例多在1∶（0.3~0.4）∶(1.5~1.7)。但不同甘薯生长类型和产量间有差异，其中高产田块钾、磷肥施用有增多趋势，需氮量有减少的趋势。

（二）甘薯各生育期的需肥规律

甘薯苗期吸收养分少，从分枝结薯期至茎叶旺盛生长期，吸收养分速度加快，吸收数量增多，接近后期逐渐减少。至薯块膨大期，氮、磷的吸收量下降。而钾的吸收量保持较高水平。

氮素的吸收一般以前、中期为多，当茎叶进入盛长阶段氮的吸收达到最高峰，生长后期吸收氮素较少，磷素在茎叶生长阶段吸收较少，进入薯块膨大阶段略有增多。钾素在整个生长期都较氮、磷为多，尤以后期薯块膨大阶段更为明显。因此，应施足基肥，适期早追肥和增施磷、钾肥。

五、棉花的需肥特性

棉花是一种生长周期长的纤维作物，在国民经济中占有重要地位。棉花生育期145~175d，根据生育时期的形态指标，可以将棉花的一生分为苗期、蕾期、花铃期和吐絮期4个主要时期。其中现蕾以前为营养生长阶段，现蕾以后至开花以前进入营养生长与生殖生长同时进行阶段，开花以后至吐絮阶段以增蕾、开花和结铃为主。但在盛花期以前营养生长和生殖生长并进，且均明显加快，是两旺时期，至盛花期营养生长达到高峰。盛花期后，营养生长减弱，生殖生长占绝对优势，棉铃成长成为营养转运中心。棉花一生中生长发育的特点是营养生长与生殖生长同时进行的时期长，两者既相互依存又相互矛盾，因而营养器官和生殖器官合理均衡的生长与发育是获得高产的关键。

棉花需要养分较多，一般来说，每生产 100kg 皮棉，需从土壤中吸收纯氮（N）12～15kg、磷（P_2O_5）5～6kg、钾（K_2O）12～15kg。根据已有研究，棉花苗期吸收养分较少，占一生养分吸收量的 1%左右。到现蕾时期吸收的养分占 3%左右，现蕾至开花期占 27%，开花至成铃后期吸收养分占 60%左右。这个时期棉株的茎、枝和叶都长到最大，同时大量开花结铃，积累的干物质最多，对养分的吸收急剧增加。因此，花铃期是施肥的关键时期。进入吐絮期后，吸收的养分占总吸收量的 9%左右。不同地区、不同产量水平的棉花每生产 100kg 皮棉所需氮、磷、钾的数量和比例均有不同，总的趋势是随着产量水平的提高需要的氮、磷比例量减少，需钾量比例增加。产量越高，单位产量的养分吸收量越低，养分的利用效率越高。

六、花生的需肥特性

花生的生产，除更换良种外，科学施肥可使产量增长 10%～30%。因此，对花生的需肥特性要明确 3 点：一是与其他作物共有的特性，既需要大量元素，也需要中量元素，还需要微量元素。这些元素同等重要不可互相取代。二是花生与粮棉作物不同的是，它的根可着生根瘤菌制造一部分氮素肥料。三是对钙、镁、硫、钼、硼等营养元素十分敏感。所以，花生吸收的氮、磷、钾等大量元素；钙、镁、硫等中量元素；铁、钼、硼等微量元素中以氮、磷、钾、钙四种元素需要量较大，被称为花生营养四大元素。

第二节　粮油作物测土配方施肥方案的制订

目前农户从市场上只能购买到适合一个地区某些作物的配

方肥，因此，农户根据所学知识和栽培作物的种类，制订测土配方施肥方案是十分必要的。

一、确定耕地土壤的供肥能力

在自行测定了自家耕地土壤养分状况后，将耕地供肥能力划分为高、中、低三档，确认耕地肥力所属等级，高肥力耕地供肥能力按 8 成计算，中等按 7 成，低等按 6 成（旱坡地相应减 1 成）。

二、计算出实现作物目标产量需要吸收的养分总量

其计算式为：

作物目标产量需要吸收的养分总量 = 目标产量（kg）÷100×每 100kg 产量吸收养分量

三、了解当地主要化肥的当季利用率

一般而言，目前化肥的利用率为氮肥 30%～40%，磷肥 10%～25%，钾肥 40%～50%。

四、计算出需施用的肥料用量

实例：某农户计划水稻产量为 500kg/亩，土壤肥力中等，试计算需施化肥多少。每 100kg 稻谷需吸收的氮、磷、钾量依次为 2. 11kg、1. 25 1kg、3. 13kg。如此可算出 550kg 稻谷氮磷钾吸收量依次为 10. 5kg、6. 25kg、15. 65kg，土壤供给量按 7 成，肥料供给量按 3 成计算，则需要施化肥的实物量计算式为：化肥供给量+化肥养分含量+化肥当季利用率，如利用尿素作氮肥，则需施尿素量 = 10. 5×0. 3÷46%÷40% = 17. 12kg。磷肥、钾肥实物施用量也如此类推。至于钾肥，如是富钾地块，则可少施或不施了。

五、按方购齐所配肥料

按品种和需要量到正规农资商店购买各种肥料。

六、施肥

根据《粮油作物的具体施肥技术》内容确定具体的施肥方法及措施（基肥、种肥及追肥等）。

第三节 水稻测土配方施肥技术

一、施肥数量

中国农业科学院土壤肥料研究所对南方 262 个水稻试验结果统计水稻最高纯收益时氮的施用量为每亩 12kg，氮、磷、钾的比例为 1∶0.88∶0.32，但此比例不是一成不变的。中国化肥试验网的试验结果也说明，在水稻氮、磷、钾的配比中从经济效益来看，以 1∶0.5∶0.5 为好。一般中等肥力地块每亩施氮 10~12kg、磷 4~7kg、钾 4~8kg。

二、施肥原则

（一）基肥

播种前或栽秧前结合整地施入的肥料称为基肥。一般以有机肥为主，配合适量化肥，其中磷、钾肥一次施入。因为水稻一生中吸收养分量最多的时期在抽穗以前，故基肥占总施肥量的 80%以上，以满足水稻前期营养器官迅速增大对养分的需要。另外，结合耕作整地施基肥，能使土壤充分融合，为水稻生长发育创造一个深厚、松软、肥沃的土壤环境。

（二）追肥

（1）分蘖肥。移栽水稻返青后或直播水稻三叶期至分蘖期间追施的肥料称为分蘖肥。其目的在于弥补稻田前期土壤速效养分的不足，促进分蘖早生快发，为水稻后期生长发育奠定基础。

（2）穗肥。在水稻幼穗开始分化至穗粒形成期追施的肥料称为穗肥。此时水稻营养生长与生殖生长并进。在幼穗分化初期追肥，有巩固有效分蘖和增加颖花数的作用，但应注意避免最后3片叶和基部3个伸长节间过分伸长，否则群体冠层结构郁闭，结实率降低。孕穗期追肥，可减少颖花的退化，对提高结实率和籽粒灌浆有一定作用。

（3）粒肥。在水稻齐穗前后追施的肥料称为粒肥。此期间施肥可防止根系早衰，减缓水稻群体后期绿色叶面积衰减速度，延长叶片功能期，提高光合生产能力，从而增加结实粒数并提高粒重。此时，水稻根部吸收能力减弱，根外追肥不失为一种有效的施肥方式。

三、施肥方法

高产水稻栽培在肥料运筹上，应根据土壤肥力状况、种植制度、生产水平和品种特性进行配方施肥，注重有机肥、无机肥的配合和氮、磷、钾及其他元素的配合施用，有条件的地方要提倡施用水稻专用复合肥。南方稻区因各地条件差异较大，在施肥方式上也存在较大差异，主要表现在基肥、追肥的比重及其追肥时期、数量配置上。在氮、磷、钾三要素肥料的施用时期上，磷肥全作为基肥或种肥；钾肥除在质地较沙的土壤上提倡分次施用外，也提倡适当早施，一般作为基肥或分蘖肥。而氮肥的施用时期有较大差异，主要有以下几种。

（一）基肥“一道清”施肥法

是将全部肥料整田时1次施下，使土肥充分混合的全层施肥法。适用于黏土、重壤土等保肥力较强的稻田。

（二）“前促”施肥法

是在施足基肥的基础上，早施、重施分蘖肥，使稻田在水稻生长前期有丰富的速效养分，以促进分蘖早生、快发，确保增蘖、增穗。尤其是基本苗较少的情况下更为重要。一般基肥占总施肥量的70%~80%，其余肥料在返青后全部施用。此施肥法多用于栽培生育期短的品种，施肥水平不高或前期温度较低、肥效发挥缓慢的稻田。

（三）"前促、中控、后保"施肥法

水稻尤其是双季稻，其吸肥高峰期在移栽后2~3周，必须在移栽期施用大量速效性肥料，才能使供肥高峰提前，以适应双季稻"前促"的要求。通常把肥料总量的70%~80%集中适用于前期。当分蘖达到预期的目标后，再采用搁田或烤田的方法，控制氮素的吸收。后期复水后，对叶色褪绿严重的稻株，于孕穗期酌施保花肥，以提高根系活力，减少颖花分化，提高结实率，增加千粒重。此方法适用于本田生育期短的双季稻，以及供氮能力低的土壤。对这种施肥方法，群众的评价是：前期攻得起，攻而不过头，早发增多穗；中期控得住，控而不脱肥，壮秆攻大穗；后期保得住，后熟增粒重。

（四）"前稳、中攻、后补"施肥法

这种施肥方法，前期栽培着眼于促根、控叶、壮秆。当穗进入分化期，重施促花肥，以增加颖花数，减少颖花退化。抽穗后，可看苗补施粒肥。这种施肥方法，在中熟、晚熟品种，保肥性差的稻田，以及施肥量较低的情况下采用较为经济有效。

（五）实地管理（SSNM）技术

这是由国际水稻研究所近年来研究提出的施肥技术。根据不同地点的土壤供肥能力与目标产量需要量的差值，决定总的施肥量范围。在水稻的主要生长期应用叶绿素仪或叶色卡诊断水稻氮素营养状况，调整实际氮用量，以达到适时适地供给养分，促进水稻健壮生长，减少病虫害，提高产量和施肥效益。增加农民收入。彭少兵等应用该项技术的研究结果表明，试验

示范区水稻氮肥施用量比常规降低20%~30%，氮肥利用率显著提高，实施的水稻比对照增产5%~8%。

四、不同季型水稻施肥特点

（一）早稻

大田营养生育期短，秧苗小，移栽时温度低，早活、早发是关键。早施氮肥，重施磷肥。

（二）晚稻

秧龄长，秧苗大。氮肥深施，多钾少磷。

（三）单季稻

生长期和大田营养生长期长，重在壮秧、浅栽和适当密植，而不是栽后的猛促分蘖；施肥的重心在基肥和穗肥，基肥以有机肥为主；拔节期叶色淡时酌施促花肥；抽穗后若叶色落黄，施粒肥。

第四节　小麦测土配方施肥技术

一、肥料施用量

小麦的施肥量要根据产量水平，肥料种类，土壤肥力，前茬作物，品种类型和气候条件等综合考虑。目前生产上多采用以产量指标定施肥量的方法。就是根据100kg小麦籽粒吸收氮、磷、钾的数量，计算出所定产量指标吸收氮、磷、钾的总量，再参考土壤肥力基础、肥料种类、肥料当季吸收利用率等，计算所需各种肥料用量的总量。根据江苏省各地小麦施肥的实践，一般每亩产200kg的田块，需要施入土壤中纯氮为10~12.5kg；每亩产250kg的田块，需要施入土壤中纯氮13~14kg；每亩产400kg的田块，需要施入土壤中纯氮20kg左右。四川省提出了酸性、中性和钙质紫泥田小麦氮肥用量每亩分别为7~10kg、8~11kg、9~11kg。全国化肥试验网结果，冬小麦氮、磷、钾肥的施用量分别为氮肥1kg/亩、磷肥4.97kg/亩、钾肥5kg/亩。但在经常施磷肥的地区磷肥的比例可适当降低；在南方缺钾地区，钾的比例要适当提高。河南省、四川省所做的土壤供磷能力与磷肥效果、土壤供钾能力与钾肥推荐量见表2-1、表2-2。

表2-1　土壤供磷能力与磷肥效果

土壤有效磷（mg/kg）	相对产量（%）	磷肥效率（kg/kg）	肥效等级推荐施肥量	（kg/亩）
<3	<60	>12	极低	>8
3~8	60~75	6~12	低	5~8
8~16	75~85	3~6	中	2.5~5
6~26	85~95	0.5~3	高	1.5~2.5
>26	>95	<0.5	极高	<1.5

表2-2　土壤供钾能力与钾肥效果

土壤钾含量（mg/kg）	相对产量（%）	钾肥推荐量（kg/亩）
<40	41.2	5.6
40~60	48.1	6.2
60~80	82.0	8.5
80~120	88.4	4.2
>120	97.0	3.5

二、施肥时期

（一）基肥

高产小麦基本苗较少，要求分蘖成穗率高，这就要求土壤能为小麦的前期生长提供足够的营养。同时，小麦又是生育期较长的作物，要求土壤持续不断地供给养料，一般强调基肥要足。基肥的作用首先在于提高土壤养分的供应水平，使植株的氮素水平提高，增强分蘖能力；其次在能够调节整个生长发育过程中的养分供应状况，使土壤在小麦生长各个生育阶段都能为小麦提供各种养料，尤其是在促进小麦后期稳长不早衰上有特殊作用。高产条件下，基肥用量一般应占总用肥量的40%~60%，磷、钾肥一般全部作为基肥施入。

（二）种肥

种肥由于集中而又接近种子，肥效又高又快，对培育壮苗有显著作用。种肥的作用因土壤肥力、栽培季节等条件而异，对于基肥少的瘠薄地以及晚茬麦或春小麦，增产作用较大；而对于肥力条件好或基肥用量多以及早播冬小麦，种肥往往无明显的增产效果。小麦苗期根系吸收磷的能力弱，而苗期又是磷素反应敏感期，所以磷肥作为种肥对促进小麦吸收磷素、提高磷肥的利用率有很大的意义。种肥可采用沟施或拌种。

（三）苗肥

苗肥的作用是促进冬前分蘖和巩固早期分蘖。小麦播种后约半个月至1个月，进入分蘖期，此时要求有充足的养分供应，尤其是氮素，否则分蘖发生延缓甚至不发生。施用苗肥，还能促进植株的光合作用，从而促进碳水化合物在体内的积累，提高抗寒力。

一般在小麦播种后半个月至1个月或三叶期以前施下，用量为总施肥量的20%左右。

（四）拔节肥

拔节肥可以加强小花分化强度，增加结实率，改善弱小分蘖营养条件，巩固分蘖成穗，增加穗数，延长上部功能叶的功能期，减少败育小花数，提高粒重，因而具有非常重要的作用。

但要防止过肥倒伏，应以叶面肥为主。

(五) 根外喷肥

根外喷肥是补充小麦后期营养不足的一种有效施肥方法。由于麦田后期不便追肥，且根系的吸收能力随着生育期的推进日趋降低。因此，若小麦生育期后期必须追施肥料时，可采用叶面喷施的方法，这也是小麦增产的一项应急措施。

三、小麦肥料运筹方案

(一) 马鞍促控型

苗期促，返青至拔节期控，拔节以后攻穗重；适用于高产小麦。

(二) 连续促进型

基肥足，苗肥速，穗肥巧；适用于土壤肥力低或生育期短的小麦。

(三) 前重后稳型

重施基肥和种肥，粗肥与精肥，迟效肥与速效肥结合；适用于雨水少及雨期集中的地区。

四、不同类型小麦的施肥技术

(一) 冬小麦施肥技术

冬小麦在年前播种，经过冬天后在翌年成熟收获。其营养生长阶段（出苗、分蘖、越冬、返青、起身、拔节）的施肥，主攻目标是促分蘖和增穗，而在生殖生长阶段（孕穗、抽穗、开花、灌浆、成熟），则以增粒增重为主。根据小麦的生育规律和营养特点，应重视基肥和早施追肥。基肥用量一般应占总施肥量的60%~80%，追肥占20%~40%为宜。

1. 基肥的施用

“麦喜胎里富，基肥是基础。”基肥不仅对幼苗早发、培育冬前壮苗、增加有效分蘖是必要的，而且也能为培育壮秆、大穗、增加粒重打下良好的基础。对于土壤质地偏黏、保肥性能强、又无浇水条件的麦田，可将全部肥料一次作为基肥施入，俗称“一炮轰”。具体方法是，把全量的有机肥、2/3 的氮、磷、钾化肥撒施地表后，立即深耕，耕后将余下的肥料撒于垡头上，再随即耙入土中。这样可使耕作层全层都混有肥料，既有利于前期形成壮苗，又可防止后期脱肥早衰。对于保肥性能差的砂土或水浇地，可采用重施基肥、巧施追肥的分次施肥方法。即是把 2/3 的氮肥和全部磷肥、钾肥、有机肥作为基肥，其余氮肥作为追肥。施种肥是最经济有效的施肥方法。一般每亩（1 亩 ≈ 667m²。全书同）施尿素 2 ~ 3kg，或过磷酸钙 8 ~ 10kg，也可用复合肥 10kg 左右。

微肥可作为基肥，也可拌种。作为基肥时，由于用量少，很难撒施均匀，可将其与细土掺和后撒施地表，随即耕入土中。用锌、锰肥拌种时，每千克种子用硫酸锌 2 ~ 6g，硫酸锰 0.5 ~ 1g，拌种后随即播种。

2. 追肥的施用

巧施追肥是获得小麦高产的重要措施。追肥的时间宜早，多在冬前进行，常有“年外不如年里”的说法。追施的肥料大都习惯用氮肥，但当基肥未施磷肥和钾肥、且土壤供应磷、钾又处于不足的状况时，应适当追施磷肥和钾肥。对于供钾不足的高产田，也可在冬前撒施 150kg 左右的草木灰。对于供肥充足的麦田，切忌过量追施氮肥，且追肥时间不宜偏晚。否则，易引起贪青晚熟，招致减产。

3. 根外喷肥的施用

根外喷肥是补充小麦后期营养不足的一种有效施肥方法。由于麦田后期不便追肥，且根系的吸收能力随着生育期的推进日趋降低。因此，若小麦生育后期必须追施肥料时，可采用叶面喷施的方法，这也是小麦增产的一项应急措施。小麦抽穗期可喷施2%~3%尿素溶液。喷施尿素不仅可以增加千粒重，而且还具有提高籽粒蛋白质含量的作用。必要时，也可喷施0.3%~0.4%磷酸二氢钾溶液，对促进光合作用、加强籽粒形成有重要作用。尿素和磷酸二氢钾溶液的喷施量为每亩50~60kg。微肥喷施浓度一般为0.1%，喷施量为每亩50kg。喷施锌肥宜在苗期和抽穗以后进行，可喷施1~2次。硼肥可在小麦孕穗期喷施，锰肥可在拔节、扬花期各喷1次，喷施的时间直接选择在无风的下午4时以后，以避免水分过度蒸发，降低肥效。

（二）春小麦施肥技术

春小麦主要分布在东北、西北等地。春小麦和冬小麦在生长发育方面有很大区别。春小麦的特点是早春播种，生长期短，从播种到成熟仅需100~120d。根据青海省农林科学院土壤肥料研究所总结该省产量为7 500kg/hm^2的春小麦田块所得出的结论，每生产100kg籽粒需氮（N）2.5~3kg、磷（P_2O_5）0.78~1.17kg、钾（K_2O）1.9~4.2kg。氮、磷、钾的比例为2.8∶1∶3.15。

根据春小麦生育规律和营养特点，应重施基肥和早施追肥。近年来，有些春小麦产区采用一次施肥法，全部肥料均做基肥和种肥，以后不再施追肥。一般做法是在施足有机肥的基础上，每公顷施氨水600~750kg或碳酸氢铵600kg左右、过磷酸钙750kg。这个方法适合于旱地春小麦，对于有灌溉条件的麦田，还是应该考虑配合浇水分期施肥。

由于春小麦在早春土壤刚化冻5~7cm时，顶凌播种，地温很低，应特别重视基肥。基肥每公顷施用有机肥30~60t、碳酸氢铵375~600kg、过磷酸钙450~600kg。根据地力情况，也可以在播种时加一些种肥，由于肥料集中在种子附近，小麦发芽长根后即可利用。一般每公顷施碳酸氢铵150kg、过磷酸钙225~375kg。春小麦属于“胎里富”的作物，发育较早，多数品种在三叶期就开始生长锥的伸长并进行穗轴分化。因此，第一次追肥应在三叶期或一心时进行，并要重施，大约占追肥量的2/3，每公顷施尿素225~300kg，主要是提高分蘖成穗率，促使壮苗早发，为穗大粒多奠定基础。追肥量的1/3用于拔节期。此为第二次追肥，每公顷施尿素105~150kg。

1. 强筋小麦施肥技术

强筋小麦比一般小麦生育后期吸氮力强，因而施足有机肥就显得更为重要。要达到每亩产量450~500kg，应在耕地前每亩施优质有机肥4~5t。如有机肥不足，每缺1t可以补充10~12kg饼肥。在此基础上，每亩施纯氮（N）12~14kg、磷（P_2O_5）9~10kg、钾（K_2O）6~9kg。如果土壤氧化钾含量在200mg/kg土以上，也可以不施钾肥或减少钾肥施用量，每亩施硫酸锌1~1.5kg。基肥应采用分层施肥的方法，把有机肥、磷肥、钾肥、锌肥和氮肥的70%结合深耕施入底层，以充分发挥肥效，供给小麦生育中后期需要，提高肥料利用率。基氮肥的30%犁地后撒在垡头，或耙地时撒于地面后耙入土中，以供给小麦苗期的需要。至于基氮肥用量占总氮量的比例，要因地力情况而定，一般田块和旱地小麦应重施基肥，高肥力麦田可基肥、追肥并重。

2. 弱筋小麦施肥技术

每亩产量300~350kg的麦田，在施足有机肥的基础上，一般每亩施尿素20kg左右、过磷酸钙40~50kg。粗肥在犁地前均匀施入田间，然后翻入下层。磷肥施入土壤后，移动性小不易流失，肥效较慢，只有被土壤中的酸和作物根系分泌的有机酸分解后才能被作物吸收，所以不适宜用于追肥，应作基肥一次性施入。为了提高肥效，可预先将磷肥与有机肥混合并共同堆沤后施用。速效钾含量在80mg/kg土以下的缺钾田块，可施入硫酸钾或氯化钾10kg左右作为基肥，以补充钾素的不足。

第五节　玉米测土配方施肥技术

一、玉米施肥环节

（一）基肥

基肥占总施肥量的50%左右。过磷酸钙或其他磷肥应与有机肥堆沤后施用。基肥一般条施或穴施。播种时施适量的化学氮肥做种肥，对壮苗有良好的效果。一般每亩施硫酸铵或硝酸铵5~7kg为宜。微量元素肥料用于拌种或浸种。用硫酸锌拌种时，每千克种子用2~4kg。浸种多采用0.2%的浓度。

（二）种肥

播种时施用的肥料。对壮苗有良好的效果。一般每亩施硫酸铵5~7kg和钾肥5~6kg，混合施于播种穴内，且应尽量把种肥与种子隔开，以防烧种影响出苗。

（三）追肥

1. 苗肥

主要是促进发根壮苗，奠定良好的生育基础。苗肥一般在幼苗4~5叶期施用，或结合间苗（定苗）、中耕除草施用，应早施、轻施和偏施。整地不良、基肥不足、幼苗生长细弱的应及早施苗肥；反之，则可不追或少追苗肥。对于套种的玉米，在前作物收后立即追肥，或在收获前行间施肥，以促进壮苗。

2. 拔节肥

是指拔节前后的7~9叶期的追肥，生产上又称攻秆肥。这次施肥是为了满足拔节期间植株生长快，对营养需要日益增多的要求，达到茎秆粗壮的目的。但又要注意不要营养生长过旺，基部节间日益过分伸长，以免造成倒伏。所以要稳施拔节肥。

施肥量一般占追肥量的20%~30%。肥料以腐熟的有机肥为主，配合少量化肥，一般每亩施腐熟堆、厩肥1 000kg或复合肥7~10kg。应注意弱小苗多施，以促进全田平衡生长。

3. 穗肥

是指雄穗发育四分体期，正值雌穗进入小花分化期的追肥。这一时期是决定雌穗粒数的关键时期，距抽雄10~15d。一般中熟品种展开叶9~12片，可见叶数14片左右，此时植株出叶呈现大喇叭的形状。因此，这次追肥是促进雌穗小花分化，达到穗大、粒多、增产的目的。所以生产称为攻穗肥。穗肥一般应重施，施肥量占总追肥量的60%~80%，并以速效肥为宜。但必须根据具体情况合理运筹拔节肥和穗肥的比重。一般土壤肥力较高、基肥足、苗势较好的，可以稳施拔节肥，重施穗肥；反之，可以重施拔节肥，少施穗肥。

4. 粒肥

粒肥的作用是养根保叶，防止玉米后期脱肥早衰，以延长后期绿叶的功能期，提高粒重。一般在吐丝初期追施。粒肥应轻施巧施，即根据当时植株的生长状况而定。下部叶早枯的，粒肥可适当多施；反之，则可少施或不施。

二、不同类型玉米施肥技术

（一）春玉米施肥技术

以北京地区为例，春玉米生长期长，植株高大，对土壤养分的消耗较多，而且多种植在山区或平原耕作较差的地区，而这些土壤养分含量较低。生长前期又低温少雨，土壤养分的有效性比较低。因此，对春玉米来说更应注意合理施肥。又因春玉米生长期长，光热资源充足，增产潜力大，为了获得高产并保持土壤肥力，应注意施用有机肥。一般每亩施优质有机肥3 000kg以上。没有灌溉条件的地区，为了蓄墒保墒，可在冬前把有机肥送到地中，均匀撒开翻到地下；有灌溉条件的地区可冬前施入有机肥，也可在春耕时施入有机肥。春玉米对养分的需求量较大，还要大量补充化肥。由于早春土壤温度低，干旱多风，磷、钾肥在土壤中的移动性差，一般全部作底肥。春玉米生长期长，氮在土壤中又易损失，故氮肥宜分几次施用；苗期氮的需要量较少，以全生育期总施氮量的20%作底肥；拔节孕穗期，生长明显加快，养分需求量加大，应以全生育期总施氮量的40%在小喇叭口期追施；抽雄以后，植株生长更加旺盛，需肥需水量增大，应以全生育期总施氮量的40%在大喇叭口期追施。玉米对锌比较敏感，北京地区土壤缺锌比较普遍，所以要注意补锌。可在有机肥中掺入硫酸锌，一般每亩用量为1kg；也可在苗期喷施1~2次硫酸锌溶液，浓度为2%。

（二）夏玉米施肥技术

由于夏玉米播种时农时紧，有许多地方无法给玉米整地和施入基肥，大都采用免耕直接播种。但夏玉米幼苗期需要从土壤中吸收大量的养分，所以夏玉米追肥十分重要。追肥时还应考虑追肥量在不同时期的分配。只有选择最佳的施用时期和用量，才会获得最好的增产效果。追肥宜采用前重后轻的方式。根据中国农业科学院作物科学研究所试验证明，前重后轻的方式比前轻后重的追肥方式增产12.8%。追肥总量的2/3在拔节前期施入，大喇叭口期施入1/3，着重满足幼苗雌雄分化所需要的养分。根据全国化肥网实验结果表明，夏玉米每亩产量350~450kg，每亩尿素用量为30~40kg。按前重后轻追肥方式，在玉米拔节期每亩施入20~25kg，大喇叭口期每亩在施入10~15kg较好。土壤酸碱度适宜于玉米生长的范围，为pH5~8，但以pH 6.5~7最为适宜。

第六节　甘薯测土配方施肥技术

一、甘薯对土壤条件的要求

甘薯对各种土壤有较强的适应能力，但要获得高产必须具备土层深厚、土质疏松、通气性好、保肥保水力强和富含有机质的良好土壤条件。甘薯土壤酸碱性要求不甚严格，在 pH 值 4.5~8.5 范围均能生长，但以 pH 值 5~7 的微酸性到中性土壤最为适宜。甘薯根系和块根多分布在 0~30cm 土层内。因此，薯地耕翻深度以 25~30cm 为宜。

二、甘薯的施肥方法

甘薯施肥要有机肥、无机肥配合，氮、磷、钾配合。氮肥应集中在前期施用，磷、钾肥宜与有机肥料混合沤制后作基肥施用，同时按生育特点和要求作追肥施用。其基肥的比例因地区气候和栽培条件而异。

（一）苗床施肥

甘薯苗床床土常用疏松、无病的肥沃沙壤土。育苗时一般每公顷苗床地施过磷酸钙 375kg、优质堆肥 10 500~15 000kg、碳酸氢铵 225~300kg，混合均匀后施于窝底，再施 37 500~45 000L（750~900 担）水肥浸泡窝子，收秆后即可播种。苗床追肥根据苗的具体情况而定。火炕和温床育苗，排种较密，采苗较多。在基肥不足的情况下，采 1~2 次苗就可能缺肥，所以采苗后要适当追肥。露地育苗床和采苗圃也要分次追肥。追肥一般以人粪尿、鸡粪、饼肥或氮肥为主，撒施或对水浇施。一般每平方米苗床施硫酸铵 100g。要注意的是，剪苗前 3~4d 停止追肥，减苗后的当天不宜浇水施肥，等伤口愈合后再施肥浇水，以免引起种薯腐烂。

(二) 大田施肥

1. 基肥

基肥应施足，以满足红薯生长期长、需肥量大的特点。基肥以有机肥为主，无机肥为辅。有机肥料是一种完全肥料，施用后逐渐分解不断发挥肥效，符合甘薯生长期长的特点。有机肥要充分腐熟。因甘薯栽插后，很快就会发根出苗和分枝结薯，需要吸收较多的养分。如事先未腐熟好，会由于有效养分不足，致使前期生长缓慢。故有“地瓜喜上隔年粪”和“地瓜长陈粪”的农谚，说的就是甘薯基肥要提前堆积腐熟或在前茬施肥均有一定的增产效果。

基肥用量一般占总施肥量的60%~80%。具体施肥量，每亩产4 000kg以上的地块，一般施基肥5 000~7 500kg；每亩产2 500~4 000kg以上的地块，一般施3 000~4 000kg。同时，可配合施入过磷酸钙15~25kg、草木灰100~150kg、碳酸氢铵7~10kg等。

施肥采用集中深施、粗细肥分层结合的方法。基肥的半数以上在深耕时施入底层，其余基肥可在起垄时集中施在垄底或在栽插时进行穴施。这种方法在肥料不足的情况下，更能发挥肥料的作用。基肥中的速效氮、速效钾肥料，应集中穴施在上层，以便薯苗成活即能吸收。

2. 追肥

追肥需因地制宜，根据不同生长时期的长相和需要确定追肥的时期、种类、数量和方法，做到合理追肥。追肥的原则是“前轻、中重、后补”。具体方法有以下几种。

提苗肥：这是保证全苗，促进早发加速薯苗生长的一次有效施肥技术。提苗肥能够补基肥不足和基肥作用缓慢的缺点，一般追施速效肥。追肥在栽后3~5d内结合查苗补苗进行，在苗侧下方7~10cm处开一小穴施入一小撮化肥（每亩1.5~

3.5kg)，施后随即浇水盖土，也可用1%尿素水罐根；普遍追施提苗肥最迟在栽后半个月内团棵期前进行，每亩轻施氮素化肥1.5~2.5kg，注意小株多施，大株少施，干旱条件下不要追肥。

壮株结薯肥：这是分枝结薯阶段及茎叶盛长期以前采用的一种施肥方法。其目的是促进薯块形成和茎叶盛长。所以老百姓称之壮株肥或结薯肥。因分枝结薯期，地下根同形成，薯块开始膨大，吸肥力强，为加大叶面积，提高光合生产效率，需要及早追肥，以达到壮株催薯、快长稳长的目的。追肥时间在栽后30~40d。施肥量因薯地、苗势而异，长势差的多施，每亩追硫酸铵7.5~10kg或尿素3.5~4.5kg，硫酸钾10kg或草木灰100kg；长势好的，用量可减少一半。如上次提苗或团棵肥施氮量较大，壮株催薯肥就应以磷、钾肥为主，氮肥为辅；不然，要氮、钾肥并重，分别攻壮秧和催薯。基肥用量多的高产田可以不追肥，或单追钾肥。结薯开始是调节肥、水、气3个环境因素最合适的时机，施肥同时结合灌水，施后及时中耕，用工经济，收效也大。

催薯肥：又称长薯肥。在甘薯生长中期施用，能促使薯块持续膨大增重。一般以钾肥为主，施肥时期一般在栽后90~100d。追施钾肥，一是可使叶片中增加含钾量，能延长叶龄，加粗茎和叶柄，使之保持幼嫩状态；二是能提高光合效率，促进光合产物的运转；三是可使茎叶和薯块中钾的钾、氮比值增高，能促进薯块膨大。催薯肥如用硫酸钾，每亩施10kg；如用草木灰则施100~150kg。草木灰不能和氮、磷肥料混合，注意分别施用。施肥时加水，可尽快发挥其肥效。

夹边肥：这是福建省和浙江省南部地区甘薯丰产的重要施肥措施。一般在栽后45d前后，地上部已甩蔓下垄，薯块数基本定型，在垄的一侧，用犁破开1/3，暴晒半天至1d，将总施肥量的40%左右施入。南方薯区基肥用量少，这次追肥是甘薯丰产的重要措施。

裂缝肥：甘薯生长后期，薯块盛长，在垄背裂缝处所施的追肥，叫裂缝肥或白露肥。实践证明，容易发生早衰的地块、在茎叶盛长阶段长势差的地块和前几次追肥不足的地块，在薯蔸土壤裂开成缝时，追施少量速效氮肥，有一定的增产效果。一般每亩追施硫酸铵 4～5kg，对水 500kg；或用粪尿 200～250kg，对水 600～750kg，顺裂缝灌施。

根外追肥：甘薯生长后期，根部的吸收能力减弱，可采用根外追肥，弥补矿质营养吸收的不足。此法见效快，效果好。即在栽后 90～140d，喷施磷、钾肥，不但能增产，还能改进薯块质量。具体方法为：用 2%～5%的过磷酸钙溶液、0.3%磷素二氢钾溶液或 5%～10%过滤的草木灰溶液，在午后 3 时以后喷施，每亩喷液 75～100kg。每 15d 喷 1 次，共喷 2 次。

第七节　棉花测土配方施肥技术

一、棉花总量控制和钾肥与追肥的分配原则

合理的施肥首先要确定施肥总量，在确定了氮肥总量的前提下，就要考虑如何将肥料合理地分配为基肥和追肥。根据棉花生长发育规律，蕾期、花铃期和铃期是棉花养分需求量最大的时期，80%以上的养分都是在这几个生育阶段吸收的，因此，也是施肥调控的关键时期。在棉花施肥中要因地制宜掌握施足基肥、施用种肥、轻施苗肥、稳施蕾肥、重施桃（花铃）肥和补施秋（盖顶）肥等环节。

二、根据土壤肥力水平和目标产量确定

根据测土配方施肥原理，棉花施肥要考虑土壤养分状况和区域生产状况。表 2-3 和表 2-4 是西北棉区土壤肥力丰缺指标及根据目标产量确定的相应施肥量。表 2-5 是长江流域棉区土

壤肥力分级和目标产量确定的肥料推荐量。

表 2-3 西北区土壤养分丰缺指标

项目	肥力等级			
	极低	低	中	高
有机质（g/kg）	<8	8~15	15~18	>18
速效氮（N，mg/kg）	<16	16~40	40~90	>90
速效磷（P_2O_5，mg/kg）	<7	7~13	13~30	>30
速效钾（K_2O，mg/kg）	<90	90~160	160~250	>250

表 2-4 西北棉区根据目标产量确定的施肥量

肥力等级	目标产量（kg/亩）	推荐施肥量（kg/亩）		
		氮（N）	磷（P_2O_5）	钾（k_2O）
低肥力	120	14	9	2
中肥力	150	18	12	3
高肥力	180	22	15	4

表 2-5 长江流域棉区根据土壤肥力分级和目标产量确定化肥推荐量

肥力等级	目标产量	推荐施肥量（kg/亩）					
		氮（N）		磷（P_2O_5）		钾（K_2O）	
		总量	基施	总量	基施	总量	基施
低肥力	80	16	5	5	3	9	6
中肥力	100	19	8	6	4	12	6
高肥力	120	21	10	7	6	15	8

三、基肥和追肥的施用方法

通常棉花的氮肥需要根据需肥规律分次施入，磷、钾肥全部作为基肥施入为宜，但对长江流域棉区，钾肥以基肥和追肥各半施用，效果更好。

从既遵循棉花营养规律，又具备田间可操作性的角度出发，基肥在总施氮量中的比例应当低于追肥所占的比例；追肥应当在蕾期、花铃期进行。花铃期以后，棉田封行，无法机械施肥，如果使用人工施肥也可考虑追施第三次氮肥。例如西北棉区基肥与追肥的分配比例以30%~40%作为基肥、60%~70%作为追肥为宜。追肥在浇头水和二水前施用。其中蕾期追肥量为总追肥量的40%，花铃期追肥量为总追肥量的60%。

磷肥以作基肥全层施用为好，即在播种前或移栽前将磷肥撒在地面，翻耕耙耱，可使磷肥均匀地分布于全耕作层中，这样根系与磷肥接触面大，磷肥利用率高。为了减少土壤对磷肥的固定，磷肥最好与有机肥堆沤或混合后全层施用。

钾肥作基肥为好，但对于长江流域棉区，基肥和追肥可以各半施用。我国南方土壤普遍缺钾，要重视施用钾肥。北方土壤缺钾较少，但近年来北方一些棉田施钾也有明显效果，也要注意施用钾肥。

对于同一生态区域，一般来说作物的目标产量基本接近，肥料推荐用量应根据土壤的养分含量进行调整。由于肥料用量的变化，常带来施肥时的基肥及追肥的比例发生相应的变化。表2-6和表2-7是长江流域棉区根据土壤速效磷和速效钾含量水平确定的磷、钾肥使用量及相应基肥、追肥比例。

表2-6 长江流域棉区根据土壤速效磷测定值的磷肥施用推荐量及比例

速效磷（mg/kg）	丰缺状况	磷（P_2O_5）推荐用量（kg/亩）	磷肥施用方法
<10	严重缺乏	7~9	移栽基肥和花铃肥各半
10~20	中度缺乏	5~7	移栽基肥和花铃肥各半
20~30	轻度缺乏	3~5	基肥
>30	丰富	1~2	基肥

表 2-7 长江流域棉区根据土壤速效钾测定值的磷肥施用推荐量及比例

速效钾（mg/kg）	丰缺状况	钾（K_2O）推荐用量（kg/亩）	钾肥施用方法
<50	严重缺乏	9~12	移栽基肥和花铃肥各半
50~100	中度缺乏	6~9	移栽基肥和花铃肥各半
100~150	轻度缺乏	4~6	基肥
>150	丰富	1~3	基肥

注：皮棉目标产量为 120kg/亩。

微量元素肥料施用。我国很多省份的棉区缺少中、微量元素，尤其是硼、锌等微量元素。棉田土壤有效硼、锌的临界值如表 2-8 所示。

表 2-8 棉田土壤有效硼、有效锌含量分级指标

微量元素名称	微量元素等级		
	低	中	高
有效硼（mg/kg）	<0.4	0.4~0.8	>0.8
有效锌（mg/kg）	<0.7	0.7~1.5	>1.5

中、微量元素施肥原则应为“因缺补缺”。可以通过经验、土壤测试或田间缺素试验确定一定区域中、微量元素土壤缺乏程度，并制定补充元素。一般微量元素最高不得超过每亩 2kg。

硼肥的施用，当土壤有效硼为<0.4~0.8mg/kg 时，每亩用硼砂 0.4~0.8kg 作为苗期土壤追肥，花铃期以 0.02kg 硼砂喷施较好。如果土壤有效硼含量的提高以硼砂喷是较好的话，其中以蕾期、初花期、花铃期连续喷 0.2%硼砂 3 次为最好，每次每亩用水量 50~80L。

在缺锌土壤上（土壤有效锌<0.7~1.5mg/kg），每亩用硫酸锌 1~2kg。如果已施锌肥作基肥，一般可以不再追施锌肥；如果未施锌肥作基肥，可在苗期至花铃期连续喷施 2~3 次 0.2%硫酸锌溶液进行根外追肥。2 次喷施锌肥之间相隔 7~10d。

第八节　花生测土配方施肥技术

一、花生的施肥原则

（一）因土施肥

实践表明，肥力越差的田块，增施肥料后增产幅度越大；中等肥力次之；肥沃的田块，增产效果不明显。因此，肥力差的田块要增施肥料。

（二）拌种肥

将每亩用的花生种拌 0.2kg 花生根瘤菌剂，拌 2.5～10g 钼酸铵。将每千克花生种拌施 0.4～1g 硼酸。将每亩用的花生种先用米汤浸湿，然后拌石膏 1～1.5kg。这 3 种方法，均可及时补充肥料，使花生苗苗壮生长。

（三）因苗施肥

花生所需氮、磷、钾的比例为 1∶0.18∶0.48。苗期需肥较少，开花期需肥量占总需肥量的 25%，结荚期需肥量占总需肥量的 50%～60%。因此，在肥料施用上，一是普施基肥，每亩施腐熟有机肥 1 500kg 左右，磷肥 15～20kg，钾肥 10kg 左右，肥力差的田块再施尿素 5kg；二是始花前，每亩施腐熟有机肥 500～1 000kg、尿素 4～5kg、过磷酸钙 10kg，结合中耕施入；三是结荚期喷施 0.2%～0.3%磷素二氢钾和 1%尿素溶液，能起到补磷增氮的作用。

二、花生施肥时期

（一）苗期

苗期根瘤开始形成，但固氮能力弱，此期为氮素饥饿期，对氮素十分敏感。因此，未施基肥或基肥不足的花生应在此期追肥。

（二）开花期

此期植株生长较快，且植株大量开花并形成果针，对养分的需求量急剧增加。根瘤的固氮能力增强，能提供较多氮素，此期对氮、磷、钾的吸收达到高峰。

（三）结荚期

荚果所需的氮、磷、钾元素可由根、子房柄、子房同时供应，所需要的钙则主要依靠荚果自身吸收。因此，当结果层缺钙时，易出现空果和秕果。

（四）饱果成熟期

此期营养生长趋于停止，对养分的吸收减少，营养体养分逐渐向中运转。由于此期根系吸收功能下降，应加强根外追肥，以延长叶片功能期，提高饱果率。

第九节 马铃薯测土配方施肥技术

一、存在问题与施肥原则

针对马铃薯生产中普遍存在的重施氮磷肥、轻施钾肥，重施化肥、轻施或不施有机肥的现状，提出以下施肥原则。

（1）增施有机肥。

（2）重施基肥，轻用种肥；基肥为主，追肥为辅。

（3）合理施用氮磷肥，适当增施钾肥。

（4）肥料施用应与高产优质栽培技术相结合。

二、施肥建议

（一）产量水平 1 000kg 以下

马铃薯产量在 1 000kg/亩以下的地块，氮肥用量推荐为 4~

5kg/亩，磷肥 3~5kg/亩，钾肥 1~2kg/亩。每亩施农家肥 1 000 kg 以上。

（二）产量水平 1 000~1 500kg

马铃薯产量在 1 000~1 500kg/亩的地块，氮肥用量推荐为 5~7kg/亩，磷肥 5~6kg/亩，钾肥 2~3kg/亩。每亩施农家肥 1 000kg 以上。

（三）产量水平 1 500~2 000kg

马铃薯产量在 1 500~2 000kg/亩的地块，氮肥用量推荐为 7~8kg/亩，磷肥 6~7kg/亩，钾肥 3~4kg/亩。每亩施农家肥 1 000kg 以上。

（四）产量水平 2 000kg 以上

马铃薯产量在 2 000kg/亩以上的地块，氮肥用量推荐为 8~10kg/亩，磷肥 7~8kg/亩，钾肥 4~5kg/亩。每亩施农家肥 700kg 以上。

三、施肥方法

（一）基肥

有机肥、钾肥、大部分磷肥和氮肥都应做基肥，磷肥最好和有机肥混合沤制后施用。基肥可以在秋季或春季结合耕地沟施或撒施。

（二）种肥

马铃薯每亩用 3kg 尿素、5kg 普钙混合 100kg 有机肥，播种时条施或穴施于薯块旁，有较好的增产效果。

（三）追肥

马铃薯一般在开花以前进行追肥，早熟品种应提前施用。开花以后不宜追施氮肥，以免造成茎叶徒长，影响养分向块茎的输送，造成减产。可根外喷洒磷钾肥。

第十节　大豆测土配方施肥技术

一、大豆的营养特性

大豆对土壤要求并不严格，适宜 pH 为 6.5~7.5，不耐盐碱，有机质含量高能促进大豆高产。大豆根是直根系，根上有根瘤菌与根进行“共生固氮”作用，是氮素营养的一个重要来源。大豆不同生育阶段需肥量有差异。开花至鼓粒期是吸收养分最多的时期，开花前和鼓粒后吸收养分较少。大豆采用有机、无机肥料配施体系，以磷、氮、钾、钙和钼营养元素为主，以基肥为基础。基肥中以有机肥为主，适当配施化肥氮、磷、钾。一般大豆每亩施肥量为氮 4kg 和磷 6~8kg、钾 3~8kg，包括有机肥和无机肥中纯有效养分含量之和，其中氮包括基肥和追肥用量之和。

大豆是需肥较多的作物。据研究，每生产 100kg 大豆，需吸收纯氮 6.5kg、磷 1.5kg、钾 3.2kg，三者比例大致为 4:1:2，比水稻、小麦、玉米等需肥都高。而根瘤菌只能固定氮素，且供给大豆的氮也仅占大豆需氮总量的 50%~60%。固氮作用高峰集中于开花至鼓粒期，开花前和鼓粒后期固氮能力均较弱。因此，还必须施用一定数量的氮、磷和钾肥，才能满足其正常生长发育的需求。施用化肥氮过多时，根瘤数减少，固氮率降低，会增加大豆生产成本。一般认为，在特别缺氮的地方，早期施氮可促进幼苗迅速生长。大豆幼苗期是需氮关键时期。播种时施用少量的氮肥能促进幼苗的生长。

磷有促进根瘤发育的作用，能达到以磷增氮效果。磷在生育初期主要促进根系生长，在开花前磷促进茎叶分枝等营养体的生长。开花时磷充足供应，可缩短生殖器官的形成过程。磷不足时，落花落荚显著增加。钾能促进大豆幼苗生长，使茎秆坚韧不倒伏。

在酸性土壤上施用石灰，不仅供给大豆生长所必需的钙营养元素，而且可以校正土壤酸性。石灰提高土壤 pH 值对大豆生长的作用，往往高于增加营养的作用，使土壤环境有利于根瘤菌的活动，并增加土壤中其他营养元素（如钼）的有效性。另外，钙对大豆根瘤形成初期非常重要。土壤中钙增加，能使大豆根瘤数增多。但是，施用石灰也不可过多，一般每亩不要超过 30kg。生产上施用过磷酸钙可以满足大豆对钙的需求。

大豆所需要的微量元素有铁、铜、锰、锌、硼和钼。在偏酸性的土壤上，除钼以外，这些元素都容易从土壤中吸收。有时土壤缺乏钼时，也会成为增加产量的限制因素。但钼可在土壤中积累，当土壤中钼含量过多时，对大豆生长也有毒害作用。

大豆缺氮先是真叶发黄，可从下向上黄化，在复叶上沿叶脉有平行的连续或不连续铁色斑块，褪绿从叶尖向基部扩展，以致全叶呈浅黄色，叶脉也失绿。叶小而薄、易脱落，茎细长。缺磷根瘤少，茎细长，植株下部叶色深绿，叶厚、凹凸不平、狭长；缺磷严重时，叶脉黄褐色，后全叶呈黄色。缺钾叶片黄化，症状从下位叶向上位叶发展；叶缘开始产生失绿斑点，扩大成块，斑块相连，向叶中心蔓延，最后仅叶脉周围呈绿色。黄化叶难以恢复，叶薄、易脱落。

大豆缺钙叶黄化并有棕色小点，先从叶中部和叶尖开始，叶缘、叶脉仍为绿色；叶缘下垂、扭曲，叶小、狭长，叶端呈尖钩状。缺钼上位叶色浅，主、支脉色更浅，支脉间出现连片的黄斑，叶尖易失绿，后黄斑，颜色加深至浅棕色；有的叶片凹凸不平且扭曲，有的主叶脉中央出现白色线状。缺镁在大豆的三叶期即可显症，多发生在植株下部。叶小，叶有灰条斑，斑块外围色深。有的病叶反张、上卷，有时皱叶部位同时出现橙、绿两色相嵌斑或网状叶脉分割的橘红斑；个别植株中部叶脉红褐，成熟时变黑。叶缘、叶脉平整光滑。缺硫时，大豆的叶脉、叶肉均生米黄色大斑块，染病叶易脱落，迟熟。缺铁时叶柄、茎黄色，比缺铜时的黄色要深。分枝上的嫩叶也易发病。一般仅见主、支脉和叶尖为浅绿色。

大豆缺硼会在第4片复叶后开始发病，花期进入盛发期后新叶失绿，叶肉出现浓淡相间斑块，上位叶较下位叶色淡，叶小、厚、脆。缺硼严重时，顶部新叶皱缩或扭曲，上下反张，个别呈筒状，有时叶背局部呈现红褐色。发育受阻停滞，蕾期延后。主根短、根颈部膨大，根瘤小而少。缺锌大豆的下位叶有失绿特征或有枯斑，叶狭长、扭曲，叶色较浅。植株纤细，迟熟。

二、大豆的施肥技术

大豆生长发育分为苗期、分枝期、开花期、结荚期、鼓粒期和成熟期。全生育期90~130d。其吸肥规律为：①吸氮率。出苗和分枝期占全生育期吸氮总量的15%，分枝期至盛花期占16.4%，盛花期至结荚期占28.3%，鼓粒期占24%，鼓粒期至成熟期占16.3%。开花期至鼓粒期是大豆吸氮的高峰期。②吸磷率。苗期至初花期占17%，初花期至鼓粒期占70%，鼓粒期至成熟期占13%。大豆生长中期对磷的需要最多。③吸钾率。开花期前累计吸钾量占43%，开花至鼓粒期占39.8%，鼓粒期至成熟期仍需吸收钾17.2%。由上可见，开花至鼓粒期既是大豆干物质累积的高峰期，又是吸收氮、磷、钾养分的高峰期。

（1）基肥。施用有机肥是大豆增产的关键措施。在轮作地上可在前茬粮食作物上施用有机肥料，而大豆则利用其后效。有利于结瘤固氮，提高大豆产量。在低肥力土壤上种植大豆可以施加过磷酸钙、氯化钾各10kg做基肥，对大豆增产有好处。

（2）种肥。一般每亩用10~15kg过磷酸钙或5kg磷酸二铵做种肥，缺硼的土壤加硼砂0.4~0.6kg。由于大豆是双子叶作物，出苗时种子顶土困难，种肥最好施于种子下部或侧面，切勿使种子与肥料直接接触。此外，淮北等地有用1%~2%钼酸铵拌种的，效果也很好。

（3）追肥。实践证明，在大豆幼苗期，根部尚未形成根瘤或根瘤活动弱时，适量施用氮肥可使植株生长健壮。在初花期酌情施用少量氮肥也是必要的。氮肥用量一般以每亩施尿素7.5~10kg为宜。另外，花期用0.2%~0.3%磷酸二氢钾水溶液或每亩用2~4kg过磷酸钙水溶液100kg根外喷施，可增加籽粒含氮率，有明显增产作用。另据资料统计，花期喷施0.1%的硼砂、硫酸铜、硫酸锰水溶液可促进籽粒饱满，增加大豆含油量。

第十一节　谷子测土配方施肥技术

谷子是起源于我国的古老作物，具有抗旱、耐瘠、生育期短的特点。在20世纪60年代，我国谷子处于农作物播种面积的首要地位。在70年代后谷子播种面积逐渐减少。现在在旱情不断发展、水资源短缺、全球饥饿问题严重的现实背景下，谷子的生产和消费逐渐有了新的发展。同时，谷子含有丰富的蛋白质、叶酸、维生素E、类胡萝卜素及硒，作为营养均衡和环境友好型的作物，谷子又受到广泛重视。

一、谷子的需肥规律

谷子在不同生育期对氮、磷、钾吸收量不同，在拔节期至抽穗期，谷子对氮素吸收率最大，为全生育期的60%~80%。其次是开花至灌浆期。出苗到拔节，吸收的氮占整个生育期需氮量的4%~6%；拔节到抽穗期，吸收的氮占整个生育期需氮量的45%~50%；籽粒灌浆期，吸收的氮占整个生育期需氮量的30%。幼苗期吸钾量较少，拔节到抽穗前是吸钾高峰，抽穗前吸钾占整个生育期吸钾量的50.7%，抽穗后又逐渐减少。

低产谷子和高产谷子在抽穗前吸氮量分别占总吸收量的76.5%和63.5%，低产田在生育前期吸氮量较大，在孕穗期吸磷强度较大；中高产田在生育后期对磷吸收量较大。谷子对钾的吸收最大积累强度在拔节期至抽穗期最大，约占生育期吸收总量的50.7%。

每生产100kg谷子，一般需吸收氮（N）2.70~3.10kg，磷（P_2O_5）1.15~1.35kg，钾（K_2O）3.40~3.70kg，N：P_2O_5：K_2O的比例为1：（0.55~0.65）：（0.30~0.40）为宜。

二、谷子的配方施肥技术

（一）谷子的施肥用量

谷子具有耐寒、耐瘠的特点，对肥料较为敏感，因此，施肥对谷子增产效果明显（表2-9，表2-10）。夏谷需求的养分低于春谷。

表2-9　基于土壤有机质水平的春谷施氮推荐量（纯N）

目标产量（kg/亩）	土壤有机质含量（g/kg）			
	<10	10~15	15~20	>20
200	7	5	4	0
300	9	7	6	3
400	14	12	7	4

表2-10　基于土壤速效磷分级的春谷施磷推荐量（P_2O_5）

目标产量（kg/亩）	土壤速效磷含量（mg/L）				
	0~5	5~10	10~20	20~40	>40
200	90	60	30	0	0
300	110	80	50	0	0
400	120	90	60	30	0

谷子一般情况下产量相对较低，在配方方案中氮磷比例较

为接近（表2-11）。

表2-11　谷子配方施肥中氮、磷、钾用量与比例

配方号	养分总用量（kg/亩）	纯养分用量（kg/亩）			比例
		N	P_2O_5	K_2O	（N：P：K）
1	10.0	5.0	5.0	0.0	1：1：0
2	12.0	5.0	7.0	0.0	1：1.4：0
3	12.0	6.0	6.0	0.0	1：1：0
4	12.0	8.0	4.0	0.0	1：0.5：0
5	14.0	8.0	6.0	0.0	1：0.75：0
6	11.5	8.0	3.5	0.0	1：0.44：0
7	15.0	8.0	7.0	0.0	1：0.88：0
8	14.0	7.0	7.0	0.0	1：1：0
9	16.0	9.0	7.0	0.0	1：0.78：0
10	16.0	10.0	6.0	0.0	1：0.6：0
11	13.5	6.5	7.0	0.0	1：1.08：0
12	11.0	7.0	4.0	0.0	1：0.57：0
13	12.0	7.0	5.0	0.0	1：0.71：0
14	13.0	7.0	6.0	0.0	1：0.86：0

（二）谷子的配方施肥技术

谷子的施肥包括基肥、种肥和追肥。

1. 种肥

氮肥作种肥施用时用量不宜过多，每亩硫酸铵2.5kg或尿素0.75~1.0kg。如农家肥和磷肥做种肥，增产效果也好。

2. 基肥

谷子多在旱地种植，施用有机肥做基肥，应在耕地时一次施入。一般有机肥用量 1 000~2 000kg/亩，过磷酸钙 40~50kg。

3. 追肥

追肥增产作用最大的时期是抽穗前 15~20d 的孕穗期，一般施纯氮 5kg/亩为宜。氮肥较多时，分别在拔节期追施“坐胎肥”，孕穗期追施“攻粒肥”。在谷子生育后期，叶面喷施磷酸二氢钾和微肥，可促进开花结实和籽粒灌浆。

三、谷子的配方施肥案例

以甘肃省会宁县谷子配方施肥为例，介绍如下。

1. 种植地概况

试验田土壤类型为黑垆土，肥力中等，地力均匀，含有机质 26. 85g/kg，碱解氮 84. 5mg/kg，有效磷 37. 6mg/kg，速效钾 277. 9mg/kg，前茬作物为小麦。

2. 品种与肥料

选择当地地方品种良谷，供试氮肥为尿素（含 N46%），由中国石油兰州化学工业公司生产；磷肥为普通过磷酸钙（含 $P_2O_5$12%），由白银虎豹磷肥厂生产；钾肥为硫酸钾（含 K_2O 33%），由白银丰宝农化科技有限公司生产。

3. 施肥方案及经济效益

按氮肥（N）4. 62 元/kg、磷肥（P_2O_5）6. 5 元/kg、钾肥（K_2O）6. 1 元/kg、谷子 2. 00 元/kg 计算。

获得最大效益时施 N 24. 9kg/hm^2（1. 66kg/亩）、P_2O_5 42. 8kg/hm^2（2. 85kg/亩）、K_2O 62. 3kg/hm^2（4. 15kg/亩），此时产量为 6 271. 2kg/hm^2（418kg/亩），N：P_2O_5：K_2O 为 1：1. 72：2. 5；获得最高产量时施 N 30. 8kg/hm^2（2. 05kg/亩）、

P_2O_5 44. 1kg/hm^2（2. 94kg/亩）、K_2O 67kg/hm^2（4. 47kg/亩），此时产量可达 6 287. 6kg/hm^2（419kg/亩）。

第十二节　荞麦测土配方施肥技术

荞麦作为一种传统作物在全世界广泛种植，但在粮食作物中的比重很小。中国的荞麦种植面积和产量均居世界第二位，过去主要作为救灾补种、高寒作物对待，耕作粗放，产量低，产销脱节，商品率很低，加之农业生产的发展和高产作物的推广，播种面积逐年减少。近年来，农业、医学及食品营养学等方面的研究表明，荞麦特别是苦荞麦，其营养价值居所有粮食作物之首，籽粒蛋白质、脂肪、维生素、微量元素普遍高于大米、小麦和玉米。不仅营养成分丰富、营养价值高，而且含有其他粮食作物所缺乏和不具有的特种微量元素及药用成分，其籽粒、茎叶含有丰富的生物类黄酮芦丁、槲皮素等，具有扩张冠状血管和降低血管脆性、止咳平喘祛痰等防病、治病作用。对现代“文明病”及几乎所有中老年心脑血管疾病有预防和治疗功能，因而受到各国的重视。在现代农业中，荞麦作为特种医用作物，对于发展中西部地方特色农业和帮助贫困地区农民脱贫致富有着特殊的作用，在区域经济发展中占有重要地位。

一、荞麦的需肥规律

荞麦对养分的要求，一般以吸收磷、钾较多。施用磷、钾肥对提高荞麦产量有显著效果；氮肥过多，营养生长旺盛，“头重脚轻”，后期容易引起倒伏。荞麦对土壤的要求不太严格，只要气候适宜，任何土壤，包括不适于其他禾谷类作物生长的瘠薄、带酸性或新垦地都可以种植，但以排水良好的砂质土壤为最适合。酸性较重的和碱性较重的土壤改良后可以种植。

据研究，每生产 100kg 荞麦籽粒，需要从土壤中吸收纯氮

4.01~4.06kg，磷1.66~2.22kg，钾5.21~8.18kg，吸收比例为1：（0.41~0.45）：（1.3~2.02）。

二、荞麦的配方施肥技术

（一）荞麦的施肥量

荞麦是一种需肥较多的作物。要获得高产，必须供给充足的肥料。其吸收氮、磷、钾的比例和数量与土壤质地、栽培条件、气候特点及收获时间有关。对于干旱瘠薄地和高寒山地，增施肥料，特别是增施氮、磷肥，它们是荞麦丰产的基础。荞麦施肥应掌握“基肥为主，种肥为辅，追肥进补”“有机肥为主，无机肥为辅”“氮、磷配合”的原则。

（二）荞麦的配方施肥技术

合理的施肥是荞麦丰收的保障。施肥的基本原则是基肥为主、种肥为辅、追肥为补，有机肥为主、无机肥为辅。施用量应根据地力基础、产量指标、肥料质量、种植密度、品种和当地气候特点科学掌握。

1. 基肥

基肥是荞麦的主要肥料，一般应占总施肥量的50%~60%。充足的优质基肥，是荞麦高产的基础。基肥一般以有机肥为主，也可配合施用基肥无机肥。一般每亩施充分腐熟的农家肥2 000~3 000kg。通常是每亩800~1 000kg农家肥配合过磷酸钙40~50kg、尿素10~15kg、硫酸钾20~30kg作为基肥，在播前整地深耕时一次施入。荞麦田基肥施用有秋施、早春施和播前施。秋施在前作收获后，结合秋深耕施基肥，它可以促进肥料熟化分解，能蓄水，培肥，高产，效果最好。

2. 种肥

栽培荞麦以每亩施30kg磷肥做种肥定为荞麦高产的主要技术指标。常用作种肥的无机肥料有过磷酸钙、钙镁磷肥、磷酸二铵、硝酸铵和尿素等。过磷酸钙、钙镁磷肥或磷酸二铵做种肥，每亩用量 3.3~5.3kg，一般可与荞麦种子搅拌混合使用；硝酸铵和尿素做种肥时一般不能与种子直接接触，避免“烧苗”现象发生，所以要远离种子 5~10cm，用量 1.3~2kg。

3. 追肥

地力差，基肥和种肥不足的，出苗后 20~25d，封垄前必须追肥；苗情长势健壮的可不追或少追；弱苗应早追苗肥。追肥一般宜用尿素等速效氮肥，用量不宜过多，每亩以 5~8kg 为宜。无灌溉条件的地方追肥要选择在阴雨天气进行。此外，在有条件的地方，用硼、锰、锌、钼、铜等微量元素肥料作根外追肥，也有增产效果。“促蕾肥”一般看苗每亩追施尿素 3~6kg。开花期是荞麦需要养分最多的时期，对生长较一般的应注意及时供给尿素等速效氮肥，以提高健花率和结实率。“促花肥”一般看苗每亩可追施尿素 3~6kg。施肥最好选择阴天或早晚进行。另外，对中后期肥力不足或表现脱肥的，可配合施用 1~2 次叶面喷肥，一般每亩可用 0.2% 的磷酸二氢钾溶液 50kg 均匀喷遍茎叶。

三、荞麦的配方施肥案例

以甘肃省定西县荞麦配方施肥为例，介绍如下。

(一) 种植地概况

试验田土壤类型为黄绵土，质地为中壤，肥力均匀，含有机质 13.1g/kg，碱解氮 15.4mg/kg，有效磷 21.3mg/kg，速效钾 202mg/kg，pH 值为 8.1，前茬作物马铃薯。

(二) 品种与肥料

选择当地地方品种定甜荞 1 号，供试氮肥为尿素（含 N 46%），磷肥为普通过磷酸钙（含 P_2O_5 16%），钾肥为硫酸钾（含 K_2O 50%）。

（三）施肥方案

按氮肥（N）2.00 元/kg、磷肥（P_2O_5）0.8 元/kg、钾肥（K_2O）6.1 元/kg、荞麦 2.40 元/kg 计算：

产量高于 3 000 kg/hm^2 的施肥方案：施氮量 152.5 ~ 180.8kg/hm^2（10.2 ~ 12.1kg/亩），施磷量 139.1 ~ 172.0kg/hm^2（9.27 ~ 11.5kg/亩），施钾量 91.6 ~ 133.4kg/hm^2（6.1 ~ 8.9kg/亩）；纯收益大于 2 250 元/hm^2 的施肥方案：施氮量 156.5 ~ 191.5kg/hm^2（10.4 ~ 12.7kg/亩），施磷量 76.3 ~ 148.7kg/hm^2（5.1 ~ 9.9kg/亩），施钾量 2.9 ~ 20.2kg/hm^2（0.2 ~ 1.3kg/亩）。

第十三节　高粱测土配方施肥技术

高粱是世界上的一种重要粮食作物，随着人们生活水平提高和对健康的追求，对粗粮的需求越来越高，高粱除了作为粗粮，在酿酒和饲料上也具有广泛的用途。我国高粱的分布主要有 4 个栽培区，以黄河中下游地区和东北地区最为集中。现如今全国种植面积约为 $9.0\times10^5 hm^2$，总产量占全世界的 6.7%；单产平均为 267kg/亩，我国高粱平均单产比发达国家低 20.1% ~ 37.3%，具有较大的增产潜力。

一、高粱的需肥规律

高粱在各生育阶段需肥量不同，从出苗到拔节，吸收的氮占总生育期需氮量的 12.4%、磷占总生育期需磷量的 6.5%、钾占总生育期需钾量的 7.5%；拔节到开花期，吸收的氮占 62.5%、磷占 2.9%、钾占 65.4%；开花到成熟期，吸收的氮占 25.1%、磷占 40.6%、钾占 27.1%。

据研究，每生产 100kg 高粱需吸收氮（N）2 ~ 4kg、磷（P_2O_5）1.5 ~ 2kg、钾（K_2O）3 ~ 4kg，N : P_2O_5 : K_2O 为 1 : 0.5 : 1.2。

二、高粱的配方施肥技术

（一）高粱的施肥用量

高粱植株高大，根系发达，吸肥力强。一般高粱产量为6 000~7 500kg/hm²（400~500kg/亩），需要施用450kg复合肥、375kg尿素、3 000~4 000 kg有机肥；高粱产量7 500~9 000 kg/hm²（4 500~600kg/亩），需要施用600kg复合肥、450kg尿素、4 000~5 000kg有机肥。

高粱施肥适当提高磷肥比例，可按以上配方方案（表2-12）选择。

表 2-12 高粱配方施肥中氮、磷、钾用量与比例

配方号	养分总用量（kg/亩）	纯养分用量（kg/亩）			比例（N：P：K）
		N	P_2O_5	K_2O	
1	10.0	5.0	5.0	0.0	1：1：0
2	12.0	5.0	7.0	0.0	1：1.4：0
3	12.0	6.0	6.0	0.0	1：1：0
4	12.0	8.0	4.0	0.0	1：0.5：0
5	14.0	8.0	6.0	0.0	1：0.75：0
6	11.5	8.0	3.5	0.0	1：0.44：0
7	15.0	8.0	7.0	0.0	1：0.88：0
8	14.0	7.0	7.0	0.0	1：1：0
9	16.0	9.0	7.0	0.0	1：0.78：0
10	16.0	10.	6.0	0.0	1：0.6：0
11	13.5	6.5	7.0	0.0	1：1.08：0

（二）高粱的配方施肥技术

高粱对土壤适应性广，吸肥力强，在有机质丰富、肥力较

高的砂质壤土上种植，较易获高产。施肥以重施底肥（约占全部用肥量的70%）、早施追肥（约占全部用肥量的20%）、拔节前施完所有肥料。

1. 种肥

播种时亩施有机肥1 500kg或少量氮素化肥做种肥，有利全苗壮苗，提高产量。每公顷一般施用尿素18~38kg。

2. 基肥

基肥的施用量一般为2 000~2 500kg/亩有机肥，肥力低的缺磷地块，应配合施入过磷酸钙20~33kg，钾肥10~20kg等做基肥。基肥施用有撒施和条施两种方法，撒施多在播前结合耕耙田地，撒施基肥。条施则在播种前后起垄开沟施用。撒施基肥后要深耕整地，蓄水保墒。

3. 追肥

追肥时期主要是拔节期和孕穗期，一般以拔节期追肥效果更好。追肥量一般5~10kg/亩尿素。如生育期长，需肥量大或后期易脱肥的地块，可分2次施用，应掌握“前重后轻”的原则，即拔节肥占追肥量的2/3，剩下的1/3在孕穗期追施，可采取根外追肥。

三、高粱的配方施肥案例

以甘肃省武威市凉州区高粱配方施肥为例，介绍如下。

（一）种植地概况

试验田土壤类型为黄绵土，质地为中壤，肥力均匀，含有机质13. 1g/kg，碱解氮154mg/kg，有效磷21. 3mg/kg，速效钾202mg/kg，pH值为8. 1，前茬作物马铃薯。

（二）品种与肥料

选择当地地方品种饲用型甜高粱BJ0603，供试氮肥为尿素

（含N 46.4%），甘肃刘化（集团）有限责任公司生产；普通过磷酸钙（含 $P_2O_5$16%），云南金星化工有限公司生产；硫酸钾（含 K_2O 33%），山西钾肥有限责任公司生产。供试地膜幅宽140cm、厚0.008mm。

（三）施肥方案

按氮肥（N）4.9元/kg、磷肥（P_2O_5）7.5元/kg、钾肥（K_2O）8元/kg、高粱0.26元/kg计算如下。

最高产量为132.96t/hm^2（8.86t/亩）的最佳施肥量施肥方案：施氮量562.5kg/hm^2（37.5kg/亩），施磷量150kg/hm^2（10kg/亩），施钾量120kg/hm^2（8kg/亩）；最高产量为133.48t/hm^2（9.01/亩）的最大施肥量施肥方案：施氮量613.2kg/hm^2（40.9kg/亩），施磷量153.9kg/hm^2（10.3kg/亩），施钾量133.8kg/hm^2（8.9kg/亩）。

第三章　主要果树的施肥技术

第一节　主要果树的需肥特性

一、常绿果树的需肥特性

(1) 柑橘类果树。

①柑橘类果树需肥规律。

A. 柑橘类果树对营养元素需要量因物候期而异，新梢对三要素的吸收，从春季开始迅速增长，夏季达最高峰，入秋后开始下降，入冬后基本停止。三要素中以氮钾较多，氮、磷、钾比例为1∶0.3∶1.4；果实对氮、磷、钾的吸收量从6月开始逐渐增加，8~10月达到顶峰。

B. 地下部分根系生长与地上部分的生长互为消长，其对肥料的吸收也有类似规律。柑橘类果树一般以春梢和健壮秋梢为结果母枝；夏、冬梢中，除大龄树的夏梢成为次年的结果母枝外，一般不形成结果母枝。故在生产中应通过施肥为主的调控树体放梢、促梢和控梢技术措施，协调树体营养生长、生殖生长、挂果大小年、高产稳产与树体早衰之间的矛盾。

C. 施肥原则。根据柑橘类果树的树龄和生产目的，对于不同时期的果树应掌握如下原则。

a. 幼龄树。此阶段的施肥的目标是促进根系迅速生长，树冠迅速扩展，在施肥上应以速效氮肥为主，薄肥勤施，适当配合磷、钾肥，施肥数量上从少到多，逐年提高。

b. 初结果树。初结果柑橘既要适量挂果，又继续要扩大树冠，且主要以秋梢为结果母枝，故促发健壮、足够的秋梢是丰产栽培的关键。施肥上以攻秋梢、壮果肥为重点，巧施春肥、合理施用氮肥、适当增加磷、钾等肥料。

c. 成年结果树。通过施肥协调好根、梢、花、果的关系，维持果树生长与结果之间的平衡，防止树势早衰，延长果树经济寿命，是此类果树施肥管理的关键。应重点抓好采果肥、花前肥、壮果肥、稳果肥的施用，以当年结果数量大小决定施肥种类和数量。

（2）龙眼。由于龙眼的栽培条件、土壤、气候、品种、产量、树龄、树势等不同，各地的施肥比例和施肥也不同，每生产 100kg 龙眼鲜果，需氮 1.8～2.3kg、磷 1.0～1.8kg、钾 2.0～2.3kg。

龙眼树生长期长，挂果期短，不同阶段对营养元素的需求量也有不同。据研究，龙眼从 2 月开始吸收氮、磷、钾等养分，在 6—8 月出现第二次吸收高峰，11 月至来年 1 月下降。氮、磷在 11 月，钾在 10 月中旬即基本停止吸收。果实对磷的吸收从 5 月开始增加，7 月达到吸收高峰，龙眼在周年中吸收养分最多的时期是 6—9 月。

（3）荔枝。据测定，每生产 100kg 荔枝成熟果需氮 1.68～2.0kg、磷 1.2～2.0kg，2.5～3.5kg。

（4）香蕉。据报道，中秆香蕉每生产 1 000kg 的香蕉吸收氮 5.9，磷 1.1，钾 22，矮秆香蕉吸收氮 4.8，磷 1.0，钾 18，对氮、磷、钾、钙、镁的需求比例为 4∶1∶5∶1∶1。可见，香蕉对钾的需要量最大，其次是氮，对磷的需要量最小，只有氮的 1/4，钾的 1/5。据广西某地试验，亩产 2 000kg 的蕉田，需施 N 35～40kg，P_2O_5 13～15kg，K_2O 35～40kg。

（5）杧果。每生产 1 000kg 鲜杧果需 N 1.74kg，P_2O_5 0.23kg，K_2O 2.0kg。需要量最多的是钾，其次是氮、磷。生产

上一般按 N：P_2O_5：K_2O=1：0.5：（0.5~1）施用氮、磷、钾肥料，但不同树龄、不同地区、不同产量水平的杧果树，其推荐施肥量往往变化较大。

（6）菠萝。菠萝为多年生常绿草本植物，每生产 1 000kg 需要氮素 0.78kg、磷 0.30kg、钾 2.38kg，三要素比例为 1：0.38：3.0，需钾量是氮的 3 倍。钾除影响菠萝产量外，对品质的影响更为重要。

二、落叶果树的需肥特性

（1）葡萄类的需肥特性。葡萄需钾、钙均较多，对微量元素较为敏感。施肥时按氮磷钾 1：0.7：（0.7~0.8）比例进行施肥。在亩产的情况下，通常施用有机肥 1 000kg，纯氮 15~20kg，P_2O_5 15~20kg，K_2O 15~22kg，硫酸锌 1kg，酸性土适当施用石灰。

（2）苹果的需肥特性。苹果幼树以长树、扩大树冠、搭好骨架为主，以后逐步过渡到以结果为主。由于各时期的要求不同，因此苹果对养分的需求也各有不同。苹果幼树需要的主要养分是氮和磷，特别是磷素，对植物根系的生长发育具有良好的作用。建立良好的根系结构是苹果树冠结构良好、健壮生长的前提。成年果树对营养的需求主要是氮和钾，特别是由于果实的采收带走了大量的氮素和钾素等许多营养元素，若不能及时补充将严重影响苹果来年的生长及产量。

此外，苹果的根系比较发达，且根系多集中在 20cm 以下，可吸收深层土壤中的水分和养分，为改善苹果的营养状况需注意深层土壤的改良与培肥。

（3）梨的需肥特性。据多年丰产优质梨园调查，每生产 100kg 梨，需要氮 0.47kg、磷 0.23kg、钾 0.48kg，吸收氮、磷、钾的比例大体为 1：0.5：1。不同树龄的梨树需肥规律不同，梨树幼树需要的主要养分是氮和磷，特别是磷素，对根系的生长发育具有良好的作用，建立良好的根系结构是梨树树冠结构良好、健壮生长的前提。成年果树对营养的需求主要是氮和钾，特别是由于果实的采收带走了大量的氮、钾和磷等许多营养元素，若不能及时补充则将严重影响梨树来年的生长及产量。

（4）桃的需肥特性。桃树每生产 100kg 的桃果需氮量为 0.3~0.6kg、吸收的磷量为 0.1~0.2kg、吸收的钾量为 0.3~0.7kg。由于养分流失、土壤固定以及根系的吸收能力不同等因素的影响，肥料的施用量因土壤类型和桃树品种的差异、管理水平的高低等，有较大的差异，一般高产桃园每年的氮肥施用量为 20~45kg，磷肥的施用量为 4.5~22.5kg，钾肥的施用量为 15~40kg。桃树也需要微量元素和钙镁硫等营养元素，它们主要靠土壤和有机肥提供。对于土壤较瘠薄、施用有机肥少的桃树可根据需要施用微量元素肥料等。

（5）枣的需肥特性。枣树各个生长时期所需养分，从萌芽开花对氮吸收较多，供氮不足时影响前期枝叶和花蕾生长发育，枣树开花期对氮、磷、钾的吸收增多。

幼果期是枣树根系生长高峰时期，果实膨大期是枣树对养分吸收的高峰期，养分不足时果实生长受到抑制，会发生严重落果。果实成熟至落叶前，树体主要进行养分的积累和贮存，根系对养分的吸收减少，但仍需要吸收一定量的养分，为减缓叶片组织的衰老过程，提高后期光合作用。

每生产 100kg 鲜枣需氮 1.5kg、磷 1.0kg、钾 1.3kg，对氮、磷、钾的吸收比例为 1：0.67：0.87。

（6）草莓的需肥特性。通常每生产 1 000kg 鲜果需吸收纯氮 6~10kg、磷 3~4kg、钾 9~13kg。氮、磷、钾比例为 1：0.4：1.3 左右，可见草莓需钾量高于氮。此外，草莓对氯敏感，含氯肥料施用过多会严重影响果实品质。

（7）猕猴桃的需肥特性。亩产量在 1 000kg 的猕猴桃园，年周期猕猴桃树体总吸氮量为 7.3kg，磷素为 1.0kg，钾素 4.31kg，猕猴桃对氯、锰、铁、硼、锌等微量元素比较敏感。

（8）板栗的需肥特性。有研究结果表明，板栗每生产 100kg 栗实，需 N 6.2kg，P_2O_5 1.5kg，K_2O 2.6kg，对氮、磷、钾的需要量大，吸收时期各不相同。氮的吸收量大且时间长，从芽萌动开始至果实采收前都在持续吸收，其中又以果实迅速膨大期的吸收量最多，采收后才逐渐减少。磷的吸收时间从开花后至采收前都较稳定，但吸收量少，吸收时间也比氮、钾短。然而磷对板栗的结果性能和产量极为重要，据测定，盛果期树丰产园土壤有效磷的含量高达 20.18~27.00mg/kg，新梢中磷的含量达 2 420mg/kg；低产园土壤磷含量只有 1~9mg/kg，新梢中的磷含量低到 1 360mg/kg，可见磷对产量高低起的作用之大。磷是促进花芽分化、果实发育、种子成熟和增进品质的重要物质。钾从开花前开始少量吸收，开花后逐渐增加，果实肥大期吸收最多，采收后又急剧减少。由此证明，在年生长周期中，从春初的雄花分化起至开花坐果这段时期，需氮最多，钾次之，磷较少；开花后至果实膨大期需磷最多，氮、钾次之；果实肥大期至采收，需钾最多，氮次之，磷较少。

板栗在需肥上除需充足的氮磷钾三要素外，对中量元素镁和微量元素锰、硼特别敏感，如缺乏或不足，就会发生严重的生理障碍而影响生长发育。据测定，板栗是需锰量高的果树，生长发育正常的树叶片含锰量为 1 000~2 500mg/kg，若低于 1 000mg/kg，就出现叶片黄化，生长受阻。如果缺镁或供量不足，叶脉间会出现萎黄，褪色部分渐变成褐色而枯死。由于硼是促进花粉发芽、花粉管生长和子房发育的重要元素，土壤缺硼就会导致出现空苞。据调查，土壤有效硼含量为 0.56~0.87mg/kg 的栗园，结果正常，空苞率只有 3%~6.9%；含量为 0.2~0.4mg/kg 的栗园，产量很低，空苞率竟高达 44%~81%。剑川县东岭乡梅园村农民段续根，种板栗时每株在基肥中掺硼砂 100g，栽后每年 6 月喷施一次 350 倍硼砂水，3 年始花挂果，比不施硼和不喷硼的提早两年结果。

（9）大果山楂需肥特性。山楂需要的氮、磷、钾养分的比例为 1.5：1：2。

第二节　果树测土配方施肥方案的制订

一、果树的营养特性

（一）终生在同一位置上生长

果树为多年生作物，一经定植，就终身固定在同一个位置生长发育，土中的养分缺乏、失衡会愈发严重，根系分泌物累积会反过来抑制根系生长，且这无法与 1~2 年生的植物那样，可通过轮作加以解决，而只能通过合理的土壤改良与施肥来克服，具体方法为，在果树定植之前，高质量挖掘定植穴（沟），将有机肥、化肥（磷肥等）与肥沃表土混匀后施入再定植果苗，若果园土壤中含较多、较大的砾石或其他渣砾，则应去除后换以肥沃土壤；以后逐年施用有机肥扩大改土范围。不论是任何果园，定植时都应抓好施肥改土、以后逐年扩穴深耕，这是一个极具战略意义的环节，应予以高度重视。

（二）树体营养贮藏极其重要

果树树体内贮藏着大量的、可在各组织器官间调剂使用的营养物质，可较长时间地供应果树花芽分化和枝叶发育所需。例如，果树开花时所用的营养就是树体在头一年或前几年所贮藏的，因此要维持果树树体一定水平的营养贮藏，就必须在保持适当产量的同时，合理的施肥。

（三）根系分布广而深

果树多为乔木，小乔木植物，根系分布广而深，故施肥宜深施于吸收根分布密集的树冠滴水线稍远处，以利于果树根系对养分的吸收，促进果树根系向纵深伸展，扩大根系的吸收面积，为果树的丰产奠定基础。

（四）繁殖方式复杂

果树大多是嫁接繁殖的，其根系为砧木的根系，不同种类的砧木根系吸收养分的能力、适应环境的能力都是不同的。故在实际中，同一果园同一品种的果树也会因砧木种类不同而表现强弱不同的长势。

二、测土配方施肥是一项综合性技术体系

植物生长发育需要水分、养分、光照、空气、热量（温度）五大因子，作物产量当然也是上述五大因素综合作用的结果，涉及植物、土壤、肥料及其他环境条件，这些环境条件都会对植物吸收养分产生影响，进而影响施肥的效果，这就是因子综合作用律。

由此可见，测土配方施肥虽然以确定不同养分的施用量为主要内容，但为了充分发挥肥料的最大增产效益，施肥必须与肥水管理、耕作制度、气候变化等影响肥效的诸因素相结合，同时配方肥料生产要求有严密的组织和系列化的服务，形成一套完整的施肥技术体系，故配方施肥就不是一个孤立的行为，而是农业生产中的一个环节，具有极强的综合性，要使施肥获得理想效果，就必须考虑与其余的因子的配合。例如，在干旱的地区、土壤或季节，若只施肥不灌水，肥效则难以发挥，只有在施肥的同时结合灌水，在水的参与下，作物才能实现对养分的吸收利用。这说明在生产中，施肥必须与其他农业技术措施（灌溉、中耕、病虫防治等）配合，或者各种肥料（有机肥、氮肥、磷肥、钾肥及微肥）配合施用，才能充分发挥肥料的增产作用。

现以阳朔金橘品牌打造措施为例说明这个问题。

阳朔金橘甲天下是如何成就的

以“栽培面积18.1万亩，占全县水果面积的64.3%，约占全国金橘面积的55.3%。年总产量达到21.6万吨，占全县水果产量的60.3%，约占全国金橘产量的64.5%，年产值达14.8亿元”享誉全国的桂林阳朔金橘产业，目前已连续获得农业部首批“无公害农产品”认证、国家地理标志产品保护、“消费者最喜爱的中国农产品区域公用品牌”、广西金橘之乡等称号，该县现有金橘已经成为全国效益最好、品质最优、面积最大的金橘产区。中国工程院院士袁隆平曾欣然为之题词“中国金橘第一县”。2014年12月30日，在北京召开的金橘国家标准审定会上，经专家严格审核，一致通过了阳朔县制定的金橘生产标准，形成报批稿上报国标委备案，预计2015年5月发布，至此，阳朔县终于成就名副其实的“阳朔金橘甲天下”的美誉。

那么，甲天下的阳朔金橘产业是如何打造的？金橘果农对于自产的金橘以前是“不想吃（因为品质不理想），现在是舍不得吃（因为品质好，畅销且卖价高）”，实现这个历史性跨越，当地采取的主要措施有下面几项。

（一）测土配方施肥与水肥一体化相结合，为果品优质奠定基础

该县金橘在肥料施用上以鸡粪、猪牛粪、花生麸、菜子麸、桐麸等有机肥为主，化肥为辅。在收果后即可开始进行，到3月上旬结束，标准为株施有机肥30~50kg，复合肥0.5~1kg，方法为于树冠滴水线下开宽50cm，深30~40cm的圆形或半圆形施肥沟，将肥料与土拌匀后填回坑内，除在早春果实采收后重施有机肥外，在6—9月的果实生长期每隔15d左右淋施腐熟麸水或沼液50~100kg。在春梢萌芽前的15~20d，每株施尿素100~200kg，过磷酸钙1kg。

在配方施肥的基础上，该县把配方施肥与水肥一体化喷灌、微喷灌、膜下滴灌等节水灌溉施肥技术结合起来，实现节水

50%~70%，节肥20%~30%，增产10%以上，每亩增收1 000元左右。以前，一株金橘在旱季浇上25kg水，保湿不到两天就蒸发了，而使用滴灌技术后，0.5kg水可管一株果树一个星期。给果树下一次肥，以往要请10个劳动力花10多天才能完成，现在请3个人用两天时间就大功告成。通过滴灌施肥，肥料直输到果树根部，可以提高金橘品质和产量。

（二）金橘树冠盖膜，避雨防寒，确保果品优质

由于金橘果实皮薄汁多，在着色后如遇连续几天的中到大雨，极易引起大量裂果，而每年在金橘进入着色期后，都会有好几次中到大雨天气，因此而引起的金橘裂果率达20%~30%，严重的年份达70%以上，有的果农甚至因裂果而绝收，造成惨重的损失。

为解决金橘雨后裂果这一难题，在金橘果实着色后，在下雨前3~5d，用农膜将金橘树树冠进行覆盖。

（1）金橘树冠盖膜取得的成效。

①避雨。阳朔金橘皮薄质脆，在成熟期遇小雨就造成裂果，伤口感染病菌后落果，对产量影响极大。盖膜后，果实接触不到雨水，减少了裂果、落果，可达到稳产高产的目的。

②避寒。树冠盖膜除了能抵抗霜雪的直接危害外，因树冠内及行间有塑料薄膜包裹，还可避风保温防寒。

③有利果实着色、增甜。金橘树冠盖膜后，树冠内昼夜温差大，有利于糖分累积，促进着色。此外，改善了树冠小气候水分，根部吸收水分相对减少，减少了氮素的吸收，促进磷、钾的吸收，果实糖分高、质脆肉甜。

④防病虫、少用农药。树冠盖膜后，树冠内温度相对高于气温，但达不到病虫害繁殖适宜温湿度。实际生产中，盖上膜以后都很少喷施农药。

⑤防污染。树冠盖膜后，果实与外界隔开，空气中尘土等污染物不易落到果实表面上，果实光滑透亮。

⑥果品综合质量好，销售价格高。树冠盖膜后进行完全成熟栽培，完全着色后才采收。这时的金橘果实色泽金黄亮丽，皮脆肉甜化渣，深受消费者喜爱。

⑦延长市场供应期。树冠盖膜后，果农不用担心裂果、落果，等到果实充分成熟后才采收上市销售，有效地延长了鲜果市场供应期。金橘的鲜果供应期从当年的10月上中旬开始，一直延续到次年的4月底，因此，金橘的留树鲜果期可长达半年，为当前国内以鲜果上市供应时间最长的柑橘类品种。

（2）盖膜时间的选择。盖膜要选择恰当时期，盖膜过早，根部吸收水分少，影响后期果实膨大，盖膜过晚，果实吸收水分过足易裂果，因此，最佳的盖膜时间应为果实进入着色期第一场雨过后第二场雨到来之前（累计雨量≤10mm），一般为每年的10月下旬左右。

（3）盖膜前的准备。

①材料的准备。在10月上旬的果实着色前立好桩子，固定拱架，备好供膜，塑料绳等。

②膜的选用。选用生产上常用的塑料大棚膜，最好用抗老化膜，厚度为0.06~0.08mm，隔度3~12m。每3~4年换膜1次。

③病虫防治。盖膜前2~3d，进行一次综合的病虫预防。常选用长效杀螨剂（如尼索朗、四螨嗪等）加广谱杀菌剂（多菌灵、咪鲜胺等）混合使用，全园进行均匀、彻底喷雾防治。

（4）覆膜的方式。山区果农的盖膜方式依各自的经济条件、树种、树龄、果园地势、架材来源等不同而不同，常用的有以下几种方式。

①直接覆膜式。将膜沿行向直接覆盖在树冠上，两则用绳子拉紧，固定在另一行的树干上。常用于幼龄的果园或树冠高大的老果园。优点：经济、简易、省工省料。缺点：顶部枝叶易折断，高温时被烫死，膜易被刺破，不抗风。

②倒“U”形拱架式。在果树的两旁各打一个桩，选一长竹片，拱成倒“U”形，两端绑缚在桩上，再在架上盖膜。优点：不伤果及枝叶，比较牢固、抗风。缺点：费材、费工。

③倒“V”形架式。沿行向在行间生隔一定距离立一长柱，高度以高出树冠顶部20cm以上，在柱间架一长条竹或拉一铁丝，将膜盖在架上，两侧拉绳固定，使膜形成倒“V”形。常用于树冠比较矮小的果树。

④拱棚式。与常规的蔬菜大棚相同，两行果树入一棚，棚的长度依行长而定。优点：相当牢固，抗风雪，不但能避雨，还能保温。缺点：费工费材，不适用于树冠高大的老果园。

所以，以倒“U”形拱架式和倒“V”形架式最为实用。

（5）盖膜后的管理。

①加强检查。特别是在大风后及雨水来临前，检查膜是否被吹翻、划破、撕裂，及时修补、固定。

②揭膜防晒。采用直接覆膜方式的，在气温高的太阳天要揭膜通风防晒，傍晚温度下降时注意盖回。

③防虫防病。在盖膜后第一个月，遇气温高的年份，注意检查红蜘蛛，达到3~5头/叶时用药防治。

④防霜冻。在霜冻期，树冠较矮及地势平坦的果园，盖膜后仍有可能遭受霜冻的袭击，还要采用常规的防霜方法。

（三）经营组织化，发展金橘标准化种植

为确保各项技术措施准确到位，该县一是通过“公司+家庭农场”方式与示范区农户合作，二是培育农民专业合作社，推广避雨避寒避晒增产优质、滴灌和果园留草防旱抗旱、“捕食+诱虫灯+黄板”生态防治病虫害等栽培技术，实行统一培训，统一采购和使用农资，统一品牌、包装和销售，统一产品和基地认证等生产金橘。如遇龙河生态农业发展有限公司就带动农户种植金橘600亩；桂珠金橘专业合作社（6户人），种植金橘266亩，年人均纯收入达5万元以上，注册了“翠羽”牌金橘产

品商标，产品远销北京、上海等大中城市。

（四）装备设施化

该县投资 180 万元，硬化示范区入村道路和果园道路 8.5km；投资 1 800多万元，建成大批钢架保温大棚、钢架小拱棚等，推广标准化盖膜“三避”生产技术；投资近 1 000万元，引进推广以色列技术，实施水肥一体化灌溉；投入近 500 万元，建设金橘气调贮藏库；让所有果园喷药全部采用动力机械；推广具有阳朔专利的金橘分级选果机械，机械入户率达 100%。

（五）要素集成化

该县成立了金橘试验站，引进省区研究院专家组技术团队 21 人，引导示范区生产、科研向全区、甚至全国水平发展。

（六）产业特色化

阳朔选定特有的金橘产业，配合阳朔特有的旅游资源，作为示范区的发展定位，打造具有阳朔特色的“一村一品”“一乡一业”示范区，修建了连通四镇的新农村公路 52km，使之成了一主多业、一体多元的“农业休闲观光”示范区。

（七）大力实施金橘品牌保护与发展战略

近年来，中共阳朔县委、县政府始终把金橘产业作为提高当地农民百姓创收的重点工作来抓，包括制定出台了《关于加快阳朔金橘产业发展的若干意见（试行）》，在国家号召、市场需要与产业现代化发展进程的新形势下，进一步扩大种植面积，内部推行金橘标准化生产，保护阳朔金橘品牌、大力开展金橘种植技术培训等；对外加大市场促销力度，包括，每年在阳朔举办金橘节、漓江渔火节，继续在全国大中城市举办金橘推介会、展销会，随着 2015 年新年的到来，更是委托北京中广华威国际广告传媒公司等，在 CCTV-7《农业气象》栏目中，作为唯一一家金橘产区，开创“广西阳朔县——金橘主产区”的品牌展播工作，以及同步在 CCTV-7、CCTV-4 播出“阳朔县金橘”5秒广告片，积极宣传和推介阳朔金橘，极大提升了阳朔县金橘在全国的公信力、美誉度和品牌价值，为进一步推进阳朔县特色产业规模化、品牌化发展注入了新的活力。

从阳朔金橘品牌打造过程我们可以得到启示，根据因子综合作用律，作物的高产、优质、高效，不是单独采取某一项措施即可达到的，而是需要多种措施并举，满足和协调作物对光、水、肥、气、热等诸因素的需要，让作物生活“舒服”，方可实现。

三、果树测土配方施肥方案的制订

参照《粮油作物测土配方施肥方案的制订》

实例：某农户计划柑橘产量为3 500kg/亩，土壤肥力中等，试计算需施化肥多少。每100kg柑橘需吸收的氮、磷、钾量依次为0.60kg. 0.11kg、0.40kg，如此可算出3 500kg柑橘氮、磷、钾吸收量依次为21.0kg、3.85kg、17.5kg，土壤供给量按6成，肥料供给量按4成计算，则需要施化肥的实物量计算式为：化肥供给量÷化肥养分含量÷化肥当季利用率，如利用尿素作氮肥，则需施尿素量＝21.0kg×0.4 ÷ 46%÷40%＝45.65kg。磷肥、钾肥实物施用量也如此类推。

学员练习流程：

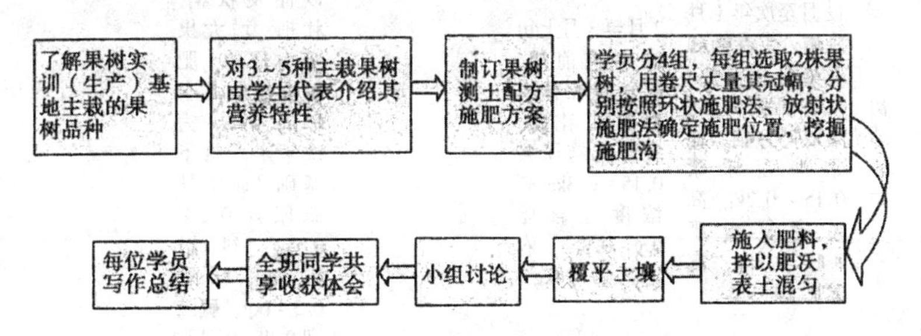

第三节　柑橘类果树测土配方技术

柑橘类果树种类繁多，施肥时期和施肥量差异较大，应该在摸清当地柑橘不同土壤肥力与柑橘吸收养分关联性、肥料利用率后，通过测定土壤养分供应水平，按平衡施肥法确定施肥量。现将柑橙、金橘、沙田柚的施肥技术分述如下，在不具备土壤测试条件的情况下，可参照所列的相关作物施肥水平酌情增减。

一、柑橙

柑橙施肥量与施肥时期一览表见表 3-1。

表 3-1　柑橙施肥量与施肥时期一览表

	采果肥	花前肥	稳果肥	壮果攻秋梢肥	备注
幼龄树	施肥时期：每次新梢萌发前 10~15d 和新梢自剪后各施肥 1 次，9 月后停止根际，防止晚秋梢施肥萌发施肥量：随树龄增加逐年增大。新梢萌发前株施尿素 0.1~0.2kg 或高浓度复混肥 0.1~0.2kg 加腐熟粪尿肥；或株施 20%~30%腐熟饼肥水 5~10kg；新梢自剪后株施中高浓度复合肥 0.1~0.2kg				全年施肥不少于 6~8 次
初结果树	12 月至次年 1 月施用，供春梢和花芽分化所需，以有机肥为主，速效肥为辅，通常株施尿素 0.15~0.3kg 高浓度复合肥 0.1~0.3kg，农家肥 10~20kg	2 月至 3 月上旬施用花前肥，促发健壮春梢和提高花质。通常株施尿素 0.15~0.3kg 高浓度复合肥 0.1~0.3kg，农家肥 10~20kg		7 月中旬施用，以促发秋梢、壮梢、增大果实为目的，肥料用量应占全年的 50%，为次年丰产打下基础。通常株施尿素 0.2~0.3kg，饼肥 1~2kg，磷肥 0.5~1kg，硫酸钾 0.25~0.3kg	

（续表）

	采果肥	花前肥	稳果肥	壮果攻秋梢肥	备注
壮年结果树	于采果前后施用（树势弱的于采前施，椪柑和树势强的于采后施，雨水少的应早施）；以速效肥为主，以恢复树势，通常株施尿素 0.1～0.2kg，磷肥 0.5～1.0kg，农家肥 40～50kg，饼肥 1～2kg，酸性土应适当配施石灰 0.5kg	春梢萌发前15d施用。株施尿素 0.3～0.5kg，复混肥 0.3～0.5kg，生物有机肥 2～3kg	看树势施用株施尿素 0.2～0.3kg，或高浓度复混肥 0.4～0.5kg	秋梢萌发前15d施用。以促发健壮秋梢。通常株施饼肥 2～3kg，复混肥 0.5～0.6kg，硫酸钾 0.3～0.5kg，钙镁磷 0.5～1.0kg	全年施肥 4～5 次

二、金橘

金橘的结果习性与其他柑橘类果树不同，每年开 3～4 次花，果花同树，四代同堂，因此，其施肥与其他柑橘类果树显然不同。柑橙施肥量与施肥时期一览表见表 3-2。

表 3-2　金橘施肥量与施肥时期一览表

	采后肥	基肥	春梢萌芽肥	保花、稳果肥	果实膨大肥	备注
幼龄树	以氮肥为主，配合磷钾肥施用，并结合深耕改土，增施有机肥，薄肥勤施，通常全年株施农家肥 30～40kg，尿素 0.4～0.5kg；着重在各次新梢抽发前 10～15d 施用					全年施肥不少于 6～8 次
成年结果树	株施含硫高浓度复混肥 0.25～0.5kg 尿素 0.5kg	6 月中旬施用，株施饼肥 2～3kg，农家肥 10～15kg	春梢萌发前 15d，株施含硫复混肥 0.8～1.0kg	于 5 月现蕾期施用，株施含硫复混肥 0.5～0.7kg	于 7 月中旬左右施用，株施粪肥 15～20kg，加含硫复混肥 0.25kg	

三、沙田柚

沙田柚施肥量与施肥时期一览表见表 3-3。

表 3-3 沙田柚施肥量与施肥时期一览表

	采后肥	萌芽肥	稳果肥	壮果肥	备注
幼龄树	施肥时期同柑橙类，但在施肥量上宜比之大 2~3 倍，第二年在第一年基础上增加40%~50%，以后视树龄树势适当增加	全年施肥不少于 6~8 次			
成年结果树	施肥量占全年的 15%，采果后立即施下。以有机肥为主，辅以三元复合速效肥。株施粪尿肥或饼肥水 50kg，猪牛类40~50kg，尿素 0.1kg，磷肥 1~2kg；或含硫复合肥 1kg，酸性土酌施石灰	占全年施肥量的 30%，于萌芽前 10~15d 施下，株施人粪尿 50~10kg，尿素 0.5kg，钾肥 0.5kg	占全年施肥量的 20%，于4月中下旬至5月上旬施用，此时应以复合肥为主，配合腐熟厩肥，一般株施含硫复合肥 0.75~1.0kg，或尿素 0.3~0.5kg，腐熟人粪尿 50~100kg	占全年施肥量的 35%，于 6—8 月施用。株施饼肥水 50~100kg，尿素 0.3~0.6kg，含硫复合肥 1.0kg	还必须根据植株的挂果量、树势等确定是否需要补肥、增减施肥次数、施叶面肥与微肥等

四、根外追肥

(1) 为提高花的质量、坐果率，可在柑橘现蕾开花期，根外喷施 0.1%~0.2%硼砂+0.1%~0.2%尿素混合液 1~2 次。

(2) 为减少生理落果，促进幼果膨大，可于谢花期以 0.1%~0.2%尿素+0.0.2%磷酸二氢钾喷施 2~3 次。

(3) 在每次新梢老熟前以 0.3%~0.5%尿素+磷酸二氢钾作根外追肥，可促进枝梢老熟。

(4) 采果后喷施 0.1%~0.2%磷酸二氢钾，可促进树势恢复和冬季保叶。

第四节　龙眼测土配方技术

一、幼年树施肥

幼苗定植肥：定植时株施优质有机肥 20~50kg 和石灰 1kg，钙镁磷肥 2kg，将肥料与表土混匀后分层施入定植穴中。

定植 1 个月后施肥：每株可用 30%的腐熟人粪尿淋施在根际部位，或以 50kg 水加尿素 0.3~0.4kg，淋 4~5 株。以后每个月施肥 1 次。以促进新梢生长和展叶。随着树龄增加逐渐提高浓度和施肥量，一般从第二年起，施肥量在前一年的基础上增加 40%~60%。每次梢发前 10d 株施 45%氮磷钾复合肥 150~200g 对水淋施，新梢发后，株施尿素、氯化钾各 100~200g 以壮旺新梢。

二、成年结果树施肥

花前肥：施肥量应占全年的 50%以上，以氮肥为主，磷、钾肥配合，氮、磷、钾肥配合，氮、磷、钾比例为 1 : 0.16 : 0.54，有机肥和化肥各一半。按每生产 50kg 果施复合肥 1~2kg，尿素0.5kg，氯化钾0.25kg。但此期常遇高于18℃的天气，应注意防止施用过量氮肥，而引起“冲梢”影响产量。

促果促梢肥：在5月中旬至6月上旬施用。每株施专用肥3~5kg或尿素0.6kg，过磷酸钙2kg，钙镁磷肥1~2kg，氯化钾2kg，可采用环状沟，放射沟，月形沟等方式，将肥料与表土混匀后施入沟内覆土。

幼果肥：施肥量约占全年20%，以磷、钾肥为主，氮肥配合。施肥时间可在谢花第一次生理落果后的6月上、中旬，幼果黄豆大小时，根据树势及结果量，适当施肥1次，假种皮迅速生长期的7月中旬施1次，每次施肥量按每生产50kg果施复合肥1.5~2kg，氯化钾1.5~2kg，尿素0.5kg，氮、磷、钾比例为1：0.16：1.24。

采果肥：应以采前肥为主，一般在采果前10~15d施用，施用量占全年的30%，以速效性氮肥为主，配合磷、钾肥。按每生产50kg果施尿素1kg，氯化钾0.5kg，硫酸镁0.25kg，对于当年挂果量多、弱树、老树，采后抽梢有困难的，应在采后再次施以速效氮，促发秋梢。秋旱时，此期施肥应注重果园灌水，才能收到好的效果。

三、根外追肥

根外追肥是龙眼栽培管理中快捷、高效的补肥措施，在龙眼丰产稳产必不可少的环节之一。叶面施肥一般不必单独使用，可结合保花保果，病虫防治是使用。全年4~5次，根据植株生长状况而定。选用的肥料种类和浓度分别为尿素0.3%~0.5%，硼砂0.1%~0.2%，在新梢叶片展开至转绿前使用。最后一次叶面施肥应在果实收获前20d进行0.2%~0.4%磷酸二氢钾，对增强树势，提高产量和品质有很好的效果。

第五节　荔枝测土配方技术

一、幼年树施肥

种植前 2 个月，每个定植坑施堆肥、土杂肥 100kg、钙、镁、磷肥 1kg、石灰 1kg，与熟土混合回填的土墩应比地面高 40~50cm，定植后 1 个月开始施肥，1 年内每月施 1 次，每株用尿素 20g 对水 5kg 淋施。2~3 年生树每次新梢萌发前 10d 株施复合肥 0. 2~0. 25kg 兑水淋施。新梢萌发后每株施尿素、氯化钾各 0. 1~0. 2kg。

二、结果树施肥

（一）基肥

一般在采果后，每亩施用腐熟的有机肥约 1 000~2 000kg、每株施 1~1. 5kg 尿素，过磷酸钙磷 1. 8kg，氯化钾 0. 7kg，在每次新梢叶片转绿后，可喷些 0. 3%磷酸二氢钾等叶面肥。

（二）花前肥

一般在开花前施用，以磷、钾肥为主，一般挂果 50kg 的植株，每株施用 0. 5~1kg 高钾型复合肥，或株施尿素 0. 7kg，氯化钾 0. 5kg，氮肥不要过量，以避免“冲梢”。

（三）稳果壮果肥

坐果后，一般挂果 50kg 的植株，每株施 0. 5~1kg 高钾型复合肥，或尿素 1kg，钙镁磷肥 0. 5kg，氯化钾 1. 1kg，对壮果和减少采前落果会起到重要的作用。

（四）根外追肥

花期可喷施 0. 3%磷酸二氢钾溶液或 1%~3%草木灰浸出液。缺硼和缺钼的果园，在花前、谢花及果实膨大期喷施 0. 2%硼砂+0.05%钼酸铵；在荔枝梢期喷施0.2%的硫酸锌或复合微量元素。各次根外追肥均可加0.3%~0.5%尿素。

第六节　香蕉测土配方技术

一、基肥

基肥株施有机肥10~20kg，另施复合肥（15-15-15）0.1~0.2kg，移栽时香蕉苗时，香蕉根系不宜与肥料直接接触。

二、追肥

（1）春蕉定植后20d左右，幼苗抽生1~2片新叶，新根开始生长时追施。第一次在距离香蕉假茎30~40cm处挖弧形沟，每株追施复肥（18-5-10）0.1~0.2kg后，施入弧形沟内，然后覆土浇足水。也可对水冲施。以后每隔15~20d追施1次，每株每次追复肥（18-5-10）0.1~0.2kg后，施入弥形沟内，然后覆土浇足水。也可对水冲施。以后每隔15~20d追施1次，每株每次追复肥（18-5-10）0.1~0.2kg。

（2）7月中旬施花芽肥，9月中旬施幼穗肥。每株每次施复肥（15-9-26）0.3~0.5kg。可施后浇水或对水冲施。

（3）10月上旬与下旬分两次追施，每株每次追施复肥（15-9-26）0.2~0.3kg。

（4）11月追施1次过寒肥，为壮果和越冬打好基础。每株每次追施有机肥10~20kg，并配复肥0.3~0.5kg。此次施肥最好在距离蕉茎80~100cm处挖弧形沟深施。在每次施肥之间，还可以根据香蕉的长势和长相临时追施。追施方法为用少量肥对水浇施。

第七节 杧果测土配方技术

一、幼树施肥

杧果幼树施肥着重促进营养生长，使根系发达，增加枝条数，扩大树冠面积，为早结果，早丰产创造条件，施肥以氮、磷为主，适当施用钾肥，尽可能多施用复合微生物菌肥，加强土壤培肥，注重果园土壤的改良，为结果打下基础。

（1）定植肥。定植肥以有机肥为主，配合少量磷肥，施入种植坑中。土壤酸度较大时应配合施入石灰，在施肥前将石灰均匀撒入土壤中，然后翻土，让石灰与土壤充分作用，间隔10~15d后挖穴坑，再施有机肥后定植。

（2）追肥。幼树定植成活后应及时施追肥。追肥以速效氮磷肥为主，促进早发新根，抽生枝梢。杧果定植后1~2个月开始抽生新梢，以后约2个月抽生1次梢，每次抽梢后都可追肥1次。植后1~2年施肥要勤施薄施，每次每株用尿素20g对水或稀粪水5kg淋施。随着树龄增加，施肥量可增大1倍。植后第二年秋季结合扩穴，株施有机肥25~50kg及磷肥0.5~1.0kg，或是0.5kg复合肥。以后每次梢每株施尿素0.1~0.15kg，复合肥0.2~0.3kg。对水淋施或浅沟施。

二、结果树施肥

杧果树一般在定植后第3年可以开始结果，第4年正式投产。建议杧果结果树化肥施肥量是，在第4~5年每年株施N 0.4~0.5kg，P_2O_5 0.25~0.3kg，K_2O 0.36~0.4kg。6年树龄后，根据株产量适当增加N、P_2O_5、K_2O施用量。

杧果结果树的施肥主要在4个时期：

（一）催花肥

开花前1个月为杧果花芽分化期，广西杧果花芽分化期一般在12月，花芽分化前施肥可促进花芽分化。肥料应以尿素、生物钾为主，用量为全年用量的20%左右，每株施尿素、生物钾各0.1~0.2kg。可结合叶面喷施0.2%~0.3%磷酸二氢钾，喷至叶面有布满水滴为准，连续喷2~3次，每次喷施间隔7~10d。

（二）壮花肥

杧果树开花量大，养分消耗多，应在花期追施1次速效氮肥，且以植株50%的末级枝梢现蕾时开始施肥为宜。否则，如树势壮旺，气温升高，施肥太早则可诱发过多营养枝梢或混合花枝的萌发，减少花量。壮花肥可选用尿素或复合肥，每株施尿素或复合肥0.1~0.15kg，可结合叶面喷施0.1%硼砂、0.2%~0.3%磷酸二氢钾溶液。如果催花肥施用充足，植株生长旺盛，壮花肥可不施。

（三）壮果肥

谢花后30d左右是果实迅速生长发育时期，在幼果迅速增大期间，要追施壮果肥才能满足果实发育对养分的需要。一般每株施尿素0.3~0.4kg、生物钾0.2~0.3kg。（如催花肥中没有配合施用磷肥，这次可配合施用钙镁磷肥1.6~1.8kg。）可结合叶面喷施0.2%~0.3%尿素加磷酸二氢钾喷施，连续喷2~3次，每次喷施间隔7~10d。

（四）催梢壮梢肥

杧果结果量大，消耗营养多，如不及时供肥补充，将难以恢复树势，影响萌发秋梢。采果前后施肥是非常关键的，分两次施更好。第一次在采果前后可株施尿素0.2~0.3kg，生物钾0.1~0.2kg，促进恢复树势，尽快萌发抽生秋梢。第二次施肥在末次梢开始转绿时，结合翻土埋入杂草，每株施入有机肥，三元复合肥0.5kg。

第八节　菠萝测土配方技术

一、施足基肥

菠萝种植区土壤贫瘠，定植时一次性施足基肥是菠萝高产优质的战略性措施，基肥可结合深耕作畦时进行，可用牛栏粪、绿肥（1 000kg）配合适量化肥（复合肥 50kg）沟（穴）施。

二、追肥

菠萝从定植到成熟，历时 23 个月。从定植到花芽分化的 1 年多时间中，是菠萝的营养生长阶段。第一次与 3—4 月亩施复合肥 100kg，第二次 7—8 月，亩施碳铵 75kg、过磷酸钙 50kg、氯化钾 20kg 硫酸镁 10kg；第三次，10 月下旬、11 月上旬亩施碳铵 60kg、钙镁磷 40kg，氯化钾 20kg，此外，每半个月根外追肥 1 次，喷施 0. 2%～0. 3%的零售二氢钾+1%尿素+2%硫酸镁。芽苗种植 1 年后，以根外追肥为主，根际施肥为辅，根外追肥每半个月 1 次，花蕾前喷施硫酸钾 0. 75～1. 0kg+1. 0kg 尿素对水 50kg；吐蕾至采收前喷施 3%硫酸钾+2%尿素+1%硫酸镁肥液 50kg。根际追肥。

重点抓好 3 次追肥：

第一次，于 11 月施花芽分化肥，以磷钾肥为主，适量控制氮肥用量。

第二次，于 12 月至 1 月施催蕾肥，每株施农家肥 10～15kg，磷肥 0. 5kg。

第三次，于 4—5 月施攻果催芽肥，此期以中量氮、高量钾促进果实长大、提高果实品质。

第九节 苹果测土配方技术

一、施肥时期

（一）基肥

苹果树一般在秋季施，尤其以早秋采果后至落叶前施最好。基肥以迟效性有机肥料为主，常用的有牲畜圈粪或其他有机肥料，同时配合速效氮肥、磷肥和钾肥等。

（二）追肥

苹果树每年需要追肥 2~3 次。一般有以下几个时期。

发芽前后。对弱树、老树和结果多的树，追施速效性氮肥，有促进新梢生长和提高坐果率的作用。但对初果的树，这个时期可不追，以免引起新梢旺长，导致严重的生理落果。

花芽分化前追肥。除施氮肥外，适当增加磷肥。这个时期追肥，有利于养分物质的合成和积累，可促进花芽分化和果实的生长。

果实膨大期追肥。以磷、钾肥为主，这个时期追肥主要是加强树体后期的养分物质积累，充实花芽，促进果实膨大，增加产量，提高果实品质。

除土壤追肥外，也可结合果园喷药进行根外追肥，喷施浓度在化学肥料项目中已讲过，可参考。

二、施肥量

施肥量应根据树龄大小、结果多少、树势强弱、土壤肥力高低及历年施肥水平来确定。一般成龄树、结果多的树、生长弱的树、土壤瘠薄的果园，应适当多施；反之可适当减少。综合一些丰产果园的施肥经验，苹果树的施肥量大体如表 3-4

所示。

表 3-4　苹果树施肥量参考值 kg/株

树龄（年）	产量	土粪	硫按	过磷酸钙	草木灰（干）
1~5	0~25	50~100	0~0.25	0.5~1	—
6~10	25~50	100~150	0.5~1	1~1.5	1~1.5
11~15	50~100	150~200	1~2	2~3	2~3
16~20	100~150	200~300	2~3	3~4	3~4
20 年以上	150~200	300~400	3~3.5	4~5	4~5

因为肥料品种繁多，质量也有差异，土壤肥力和树体营养状况也不同，所以肥料用量变幅较大，效果悬殊。上述表格只供一个大致参考，各地可结合具体情况参照应用，特别是应试验观察，并总结当地丰产果园施肥经验，逐步探索出适合自己果园的施肥量。

第十节　梨测土配方技术

一、基肥

梨树应适当深施基肥，防止根系上浮。施肥量：基肥以有机肥为主，化肥为辅，用量占全年施肥量的 40%左右。基肥秋施比春施好，早秋施比晚秋和冬季施好。这是因为：一是此时正是根系生长高峰，能使受伤根系早愈合，并促发大量新的吸收根。二可促进根系吸收养分和叶片光合作用，增加贮藏营养水平，提高花芽质量和枝芽充实度，从而提高抗寒力，效果极佳。三是有机肥秋施，经过冬春腐熟分解，肥效能在春季养分最紧张的时期，得到最好的发挥。而若冬施或春施，肥料来不及分解，易导致春季需肥时有劲使不上，秋梢旺长的现象。为满足后期生长需要，还应配合施用磷、钾肥和速效性氮肥，同时结合灌水，以增进肥效。

二、追肥

梨树在年周期生长中，对氮、磷、钾三要素的吸收动态与苹果树基本相似，但氮、钾的吸收高峰早于苹果树，因此梨树追肥要早施。一般分为3次：萌芽肥、花前或花后肥、花芽分化肥。此外，在每次采果前，还可酌情进行根外追肥。一年中，一般每株施氮（N）225g。

花前追肥：多在早春后开花前施用，能促进萌芽，使开花整齐，减少落花落果，促进新梢健壮生长，施用的肥料以氮肥为主，占年施肥量的20%左右，若基肥的施用量较高或冬季施用的基肥，花前肥可不施或少施。

花后追肥：多在谢花之后施用，能有效提高坐果率、改善树体营养、促进果实前期的快速生长。用量占年施用量的10%左右。

果实膨大期追肥：在果实再次进入快速生长期之后施用，此时追肥对促进果实的快速生长，促进花芽分化，为来年生产打好基础具有重要意义。施肥用量约占年施用量的20%~30%。

如果梨园的树冠出现黄叶，这一般是缺铁的症状，及时喷施硫酸亚铁溶液或液体微肥能够矫正，从而避免减产。

三、注意养分平衡

注意养分平衡，实行平衡施肥，才能保证果品的良好风味。

第十一节　桃测土配方技术

一、基肥的施用

根据桃树不同品种的差异，基肥最好在果实采摘后尽快施入，如当时不能及时施肥，也可在桃树落叶前1个月左右施入。在基肥的施用中，最好以有机肥为主，氮、磷、钾肥配合施用。

氮肥用量可根据树龄的大小和桃树的长势，以及土壤的肥沃程度灵活确定。一般基肥中氮肥的施用量占年总施肥量的40%~60%，每株成年桃树的施肥量折合纯氮为0.3~0.6kg（相当于碳酸氢铵1.7~3.4kg或尿素0.6~1.3kg或硝酸铵0.9~1.9kg）。

磷肥主要作基肥施用，如果同时施入较多的有机肥，每株折合纯五氧化二磷为0.3~0.5kg（相当于含磷量的15%的过磷酸钙2~3.3kg或含磷量40%的磷酸铵0.75~1.25kg）。

钾肥施用量折合纯氧化钾为0.25~0.5kg（相当于含氧化钾量50%的硫酸钾0.5~1kg或含氧化钾量60%的氯化钾0.4~0.8kg）。注意施肥时不要靠树体太近，施肥时要适当与土壤混合，以免造成烧根。土壤含水量较多、土壤质地较黏重、树龄较大、树势较弱的桃树，在施用有机肥较少的情况下，施肥量可取高量；反之则应减少用量。

二、促花肥的施用

促花肥多在早春后开花前施用，施用的肥料以氮肥为主，占年施肥量的10%左右，多结合开春后的灌水同时进行，每亩的氮肥用量以纯氮计为2~5kg（合尿素为4.3~10.9kg或碳酸氢铵11~28.6kg）。若基肥的施用量骄高或冬季施用的基肥，则促花肥可不施或少施。

三、坐果肥的施用

坐果肥多在开花之后至果核硬化前之间施用，主要是提高坐果率、改善树体营养、促进果实前期的快速生长。施肥以氮肥为主，配合少量的磷钾肥。用量占年施用量的10%左右，每亩的氮肥用量以纯氮计为2~5kg（合尿素为4.3~10.9kg或碳酸氢铵 11~28.6kg)。

四、果实膨大肥的施用

果实膨大肥以氮钾肥为主，根据土壤的供磷情况可适当配施一定量的磷肥。施肥用量占年施用量的 20%~30%，每亩的氮肥用量以纯氮计为 4~10kg（合尿素为 8.6~20.8kg 或碳酸氢铵 22~57.5kg）；钾肥的每亩施用量以氧化钾计为 6~15kg（约合含氧化钾量为 50%的硫酸钾 12~30kg 或含氧化钾量为 60%的氯化钾 10~25kg）。根据需要可配施含五氧化二磷 14%~16%的过磷酸钙 10~30kg。

桃树对微量元素肥料的需要量较少，主要靠有机肥和土壤提供，如有机肥施用较多，可不施或少施；有机肥施用较少的可适当施用微量元素肥料。实际的微肥用量以具体的肥料计作基肥施用为：硼砂亩用量 0.25~0.5kg，硫酸锌亩用量 2~4kg，硫酸锰每亩用量 1~2kg，硫酸亚铁亩用量 5~10kg（应配合优质的有机肥一起施用，用量比为有机肥与铁肥 5∶1），微肥也可进行叶面喷施，喷施的浓度根据叶的老化程度控制在 0.1%~0.5%，叶嫩时宜稀，叶较老时可浓一些。

第十二节　枣测土配方技术

一、秋施基肥

基肥时一年中长期供应枣树生长与结果的基础肥料，在秋季枣树落叶前后施基肥为好。施肥量一般占全年施肥量 50%~70%，一般 1~3 年树株施有机肥 10~12kg，4~8 年树施有机肥 20~50kg，过磷酸钙 1~2kg，尿素 0.2~0.5kg，8~10 年的树株施有机肥 50~100kg，适当配施化肥。

二、追肥

萌芽肥：在萌芽前7~10d施入，成龄结果树株施三元复合肥1.5kg。

花期肥：在枣树开花前施入以氮肥为主，用0.3%~0.5%尿素叶面喷施。

助果肥：株施40%氮磷钾复合肥1.5~2.0kg。

后期追肥：叶面喷施0.2%~0.3%磷酸二氢钾加0.3%~0.5%尿素，2次；果实采收后喷0.4%尿素，延缓叶片衰老，增加树体营养累积。

第十三节 草莓测土配方技术

一、施足基肥

9月初定植前，结合整地亩施优质有机肥1 500~2 000kg，饼肥100kg，硫酸钾型符合肥75~100kg，硫酸钾25kg。

二、合理追肥

第一次（定植20d，9月中下旬），亩施腐熟饼肥10~15kg与尿素5~7.5kg，配成液肥淋施。

第二次（10月上旬，第一次追肥10d），亩用尿素5kg，复混肥（15-15-15）7.5kg配成水肥淋施。

大量结果后，为尽快恢复植株生长，应根据采果量决定追肥数量，多采多施，少采少施。

三、根外追肥

草莓生长中后期，根据长势情况，可进行根外辅助施肥。一般以0.3%~0.5%尿素+0.3%~0.5%磷酸二氢钾+0.1%~

0.3%硼酸+0.03%硫酸锰+0.01%的钼酸铵等喷施3~4次，可提供坐果率，增长单果重，改善果实品质，延长结果期。喷肥时间宜在阴天或晴天傍晚。

第十四节　猕猴桃测土配方技术

一、基肥

一般提倡秋施基肥，采果后早施比较好。根据各品种成熟期的不同，施肥时期为10—11月，施基肥应多施入有机肥，如厩肥、堆肥、饼肥、人粪尿等，同时加入一定量速效氮肥，根据果园土壤养分情况可配合施入磷、钾肥。基肥的施用量应占全年施肥量的60%。

二、萌芽肥

一般在2—3月萌芽前后施入，此时施肥可以促进腋芽萌发和枝叶生长，提高坐果率。肥料以速效性氮肥为主，配合钾肥等。

三、壮果促梢肥

一般在落花后的6—8月，这一阶段幼果迅速膨大，新梢生长和花芽分化都需要大量养分，可根据树势、结果量酌情追肥1~2次。该期施肥应氮、磷、钾肥配合施用。还要注意观察是否有缺素症状，以便及时调整。

施肥量与比例。根据树体大小和结果多少以及土壤中有效养分含量等因素灵活掌握。一般年早春2月和秋季8月采果后分2次施入，以堆肥、饼肥、厩肥、绿肥为主，配施适量尿素、磷肥和草木灰等。据陕西的经验，基肥施用量：每株幼树有机肥50kg，加过磷酸钙和氯化钾各0.25kg；成年树进入盛果期，每株施厩肥50~75kg，加过磷酸钙1kg和氯化钾0.5kg。幼树追肥采用少量多次的方法，一般从萌芽前后开始到7月，每月施尿素0.2~0.3kg，氯化钾0.1~0.2kg，过磷酸钙0.2~0.25kg；盛果期树，按有效成分计一般每亩施纯氮11.2~15kg，磷3~3.5kg，钾5.2~5.7kg。

四、叶面喷施

叶面施肥又叫根外施肥，即将一定浓度的肥料水溶液均匀喷洒在叶片上。根外追肥方法简单易行，用肥量小，肥效发挥快，可避免某些营养元素在土壤中的固定或淋失损失；叶面喷施肥料在树冠上分布均匀，受养分分配中心的影响小，可结合喷药、喷灌进行，能节约劳力，降低成本。猕猴桃叶面喷肥常用的肥料种类和浓度如下：尿素0.3%~0.5%，硫酸亚铁0.3%~0.5%，硼酸或硼砂0.1%~0.3%，硫酸钾0.5%~1%，硫酸钙0.3%~0.4%，草木灰1%~5%，氯化钾0.3%。叶面喷肥最好在阴天或晴天的早晨和傍晚无风时进行。

第十五节　板栗测土配方技术

一、幼树施肥

7年生以下的幼树，按照“勤施淡施，次多量少，先少后多，先淡后浓”原则，施肥间隔的时间要短，浓度要淡，次数要多，肥量要少，随着树龄的增大而减次增多增浓。一般1~3年生树，2月初至5月底，每隔40~45d施1次速效氮肥，每次每株施腐熟清人畜粪尿15~20kg或尿素20~30g，以促进枝叶萌发和生长。6月初至8月底，每隔40~45d施1次氮磷钾全肥，每次每株施三元复合肥30~40g，以促进枝梢发育老熟充实。4~7年生树，在2—8月每隔2个月追肥1次，依然前期以氮为主，钾为次，磷再次，中后期施氮磷钾三元复合肥，但肥量应随树龄的逐年增大而同步增多。氮磷钾全年的施用比例，以1：0.7：0.8为宜。每年4月和6月各喷1次300~350倍硼砂水，促其提早投产。进入第4年生长后应用全环状沟或对称挖条状沟施基肥。

二、大树施肥

结果大树一年应施肥3次，全年所需氮磷钾比例约为1：0.85：0.9。

花前肥：在萌发后开花前的3月，结合灌春水施入，每株施腐熟清人畜粪尿100~120kg，或尿素350~400g，以促进发叶抽梢、开花结果，提高坐果率和产量。

壮果肥：在果实迅速膨大期施，每株施氮磷钾三元复合肥800~1 000g，以促进果实发育，提高品质。

基肥：供给栗树全年生长发育的基础肥料，要求元素齐全，比例协调，肥量大，浓度高，适时施。肥料用厩肥、堆肥、土杂肥、经过沤制加工的垃圾肥、塘泥、绿肥、饼肥均可，含有效磷、硼少的红壤或黄壤地，加施适量化学磷肥和硼砂。一般树势中庸、肥力中等、结果较多的树，每株施腐熟厩肥80~100kg，过磷酸钙3~4kg，硼砂100g。以采果后的9—10月施入最佳。方法用半环沟、辐射沟、扇形坑和条状沟，根系已布满全园的树，用行间开沟或全园撒施翻埋。

此外，不论小树大树，在生长期的5—7月，应结合防治病虫喷施农药，加入锰、镁元素混喷，以补充微肥，其浓度为硫酸锰3 500倍，硫酸镁2 500~3 000倍。硼砂在盛花期喷布，以300~350倍为宜。

另据报道，板栗复合肥最佳配方为12.4-7.75-6.3-0.4（B）-0.3（Zn）-0.3（Mg），3年龄树施肥量为株施0.5kg（按树冠投影面积0.05kg/m^2），大树适当增加，于3月中下旬或

5月下旬根际施用。

第十六节　山楂测土配方技术

一、幼树施肥技术

定植后30d左右，可开始施肥，最好以农家肥料为主。第一年种下的小树，每株可用鸡粪2.5~5kg，复合肥0.25~0.5kg，花生麸0.25~0.5kg，全部肥料放入坑后盖好土再用杂草覆盖起到保肥保水作用。每一季度施肥1次，以水肥为主。及时施有机肥做基肥，以补充树体营养。每亩开沟施有机肥3 000~4 000kg，加施尿素209g、过磷酸钙50kg、草木灰500kg。每年施3次追肥，在树液开始流动时，每株追施尿素0.5~1kg。谢花后每株施尿素0.5kg。在花芽分化前每株施尿素0.5kg、过磷酸钙1.5kg、草木灰5kg。

二、成年山楂的施肥技术

一般成年山楂的肥料施用量的范围是，每株果树的年肥料用量为：氮肥以纯氮计为0.25~2kg，磷肥以 P_2O_5 计为0.3~1.0kg，钾肥以KCl计为0.25~2.0kg。山楂是高产果树，3年龄以上的果树，一般株产50kg以上。因此，山楂施肥要充分满足果树的营养需要，山楂的施肥时期主要有基肥、花期追肥、果实膨大前期追肥、果实膨大期追肥。一般每株共需施有机肥25kg，氮、磷、钾三元复合肥5kg，微量、中量元素肥0.2kg，其中基肥占60%，在11—12月结合土壤扩穴与泥土拌匀施下，促花肥、壮果肥各占20%。

基肥：最好在晚秋果实采摘后及时进行，这样可促进树体对养分的吸收积累，有利于花芽的分化。基肥的施用最好以有机肥为主，配合一定量的化学肥料。化学肥料的用量为：作基肥的氮肥，施用尿素0.25~1.0kg或碳酸氢铵0.7~5.0kg；磷肥全部作基肥，相当于施用含五氧化二磷16%的过磷酸钙1.2~6.0kg。基肥中的钾肥用量一般主要为0.25~2.0kg的硫酸钾或0.25~1.5kg的氯化钾，具体施用量根据果树的大小及山楂的产量确定。开20~40cm的条沟施入，注意不可离树太近，先将化学肥料与有机肥或土壤进行适度混合后再施入沟内，以免烧根。

花期追肥：以氮肥为主，一般为年施用量的25%左右，相当于每株施用尿素0.1~0.5kg或碳酸氢铵0.3~1.3kg。根据实际情况也可适当配合施用一定量的磷钾肥。结合灌溉开小沟施入。

果实膨大前期追肥：主要为花芽的前期分化改善营养条件，一般根据土壤的肥力状况与基肥、花期追肥的情况灵活掌握。土壤较肥沃，基肥、花期追肥较多的可不施或少施，土壤较贫瘠，基肥、花期追肥较少或没施肥的应适当追施。施用量一般为每株0.1~0.4kg尿素或0.3~1.0kg碳酸氢铵。

果实膨大期追肥：以钾肥为主，配施一定量的氮磷肥，主要是促进果实的生长，提高山楂的碳水化合物含量，提高产量、改善品质。每株果树钾肥的用量一般为硫酸钾0.2~0.5kg，配施0.25~0.5kg的碳酸氢铵和0.5~1.0kg的过磷酸钙。

山楂对微量元素肥料的需要量较少，主要靠有机肥和土壤提供，如有机肥施用较多，可不施或少施微量元素肥料，有机肥施用较少的可适当施用微量元素肥料，实际的微肥用量以具体的肥料计作基肥施用为：硼砂亩用量0.25~0.5kg，硫酸锌亩用量2~4kg，硫酸锰亩用量1~2kg，硫酸亚铁亩用量5~10kg（应配合优质的有机肥一起施用，用量比为有机肥与铁肥5∶1），微肥也可进行叶面喷施，喷施的浓度根据叶的老化程度控制在0.1%~0.5%，叶嫩时宜稀，叶较老时可浓一些。

第四章 主要蔬菜的施肥技术

第一节 主要蔬菜的需肥特性

运用测土配方施肥技术进行科学施肥是实现蔬菜作物高产优质的重要技术，在运用测土配方技术进行科学施肥前，首先要弄清不同蔬菜作物的需肥特性。现将主要蔬菜作物的需肥特性介绍如下。

一、果类蔬菜

（一）番茄

需肥量：每生产 1 000kg 果实，需吸收氮 2.2～2.8kg，磷（P_2O_5，下同）0.5～0.8kg，钾（KCl，下同）4.2～4.8kg，钙（$CaCl_2$，下同）1.6～2.1kg，镁（$MgCl_2$，下同）0.3～0.6kg。各元素之间比例为 3.8∶1∶6.9∶2.8∶0.7。

需肥特性：番茄在不同生育时期对各种养分的吸收比例及数量不同。以氮素为例，幼苗期约占其需氮总量的 10%，开花坐果期约占 40%，结果盛期约占 50%。在生育前期对氮、磷的吸收量虽不及后期，但因前期根系吸收能力较弱，所以对肥力水平要求很高，氮、磷不足不仅抑制前期生长发育，而且它对后期的影响也难以靠再施肥来弥补。当第一穗果坐果时，对氮、钾需要量迅速增加，到果实膨大期，需钾量更大。

番茄对磷的需要量比氮、钾少，磷可促进根系发育，提早花器分化，加速果实生长与成熟，提高果实含糖量，在第一穗果长至核桃大小时，对磷的吸收量较多，其中90%以上存在于果实中。在番茄一生所需的养分中，钾的数量居第一位，钾对植株发育、水分吸收、体内物质的合成、运转及果实形成、着色和品质的提高具有重要作用，缺钾则植株抗病力弱，果实品质下降，钾肥过多，会导致根系老化，妨碍茎叶的发育。

（二）茄子

需肥量：每生产 1 000kg 茄子，需吸收氮、磷、钾分别为3kg、0.7kg、5kg，其比例为1：0.23：1.7。

需肥特性：茄子幼苗期对养分的吸收量不大，但对养分的丰缺非常敏感，养分供应状况影响茄子幼苗的生长和花芽分化。茄子从幼苗期到开花结果期对养分的吸收量逐渐增加，开始采收果实后茄子进入需要养分量最大的时期，此时对氮、钾的吸收量急剧增加，对磷、钙、镁的吸收量也有所增加，但不如钾和氮明显。茄子对各种养分的吸收特性也不同，氮素对茄子各生育期都是重要的，在生长的任何时期缺氮，都会对开花结实产生极其不良的影响。从定植到采收结束，茄子对氮的吸收量呈直线增加趋势，在生育盛期，氮的吸收量最高，充足的氮素供应可以保证足够的叶面积，促进果实的发育。磷影响茄子的花芽分化，所以前期要注意满足磷的供应。随着果实的膨大和进入生育盛期，茄子对磷的吸收量较少。茄子对钾的吸收量到生育中期都与氮相当，以后显著增高。在盛果期，氮和钾的吸收增多，如果肥料不足，植株生长不好。

（三）甜椒

需肥量：每生产 1 000kg 产品，需吸收氮 2.5~3.5kg、磷0.4~0.8kg、钾4.5~5.5kg、钙1.5~2.0kg、镁1.12kg。

需肥特性：甜椒幼苗期对养分的吸收量少，主要集中在结果期，此时吸收养分量最多。甜椒在各生育时期吸收营养元素的数量不同，对氮的吸收随生育进展稳步增加，果实产量增加，吸收量增加，对磷的吸收虽然随生育进展而增加，但吸收量变化的幅度较小，对钾的吸收在生育初期较少，从果实采收初期开始，吸收量明显增加，一直持续到结束。钙的吸收也随生育期的进展而增加，若在果实发育期供钙不足，易出现脐腐病。镁的吸收峰值出现在采果盛期，生育初期吸收较少。甜椒植株吸收的养分在各器官中的分配也随生育期不同而变化，氮素在结果期以前，主要分布在茎叶中，约占氮素吸收总量的 80%以上，随着果实的形成膨大，果实中分配的养分数量逐步增加，从开花至采收期果实中吸收量仅占 17. 2%，采收盛期为 24. 4%，收获结束前高达 33. 6%。吸收的钙、镁主要分配在叶片中，其次是茎与果实，根中较少。

二、瓜类蔬菜

（一）黄瓜

需肥量：亩产 5 000kg 产品需吸收氮、磷、钾分别为 11. 14kg、7. 66kg、15. 57kg，其比例为 1. 5：1：2。

需肥特性：黄瓜生育前期养分需求量较小，氮的吸收量只占全生育期氮素吸收总量的 6. 5%。随生育期的推进，养分吸收量显著增加，结瓜期达到吸收高峰。在结瓜盛期的 20 多天内，黄瓜吸收的氮、磷、钾量要分别占吸收总量的 50%、47%和 48%。到结瓜后期，生长速度减慢，养分吸收量减少，其中以氮、钾减少较明显。黄瓜各生育期对氮、磷、钾三要素吸收比例分别是：苗期 4. 5：1：5. 5；盛瓜前期 2. 5：1：1. 7；盛瓜后期 2. 5：1：2. 5。

（二）冬瓜

需肥量：每生产 1 000 kg 冬瓜，需吸收氮 1. 29kg，磷 0. 61kg，钾 1. 46kg，其比例为 2. 1：1：2. 4。

需肥特性：冬瓜耐肥力强，产量高，需要肥料也多，特别是磷肥的需要量比一般蔬菜多，钾肥需要量相对较少。

（三）南瓜

需肥量：每生产 1 000kg 南瓜，需吸收氮 3.92kg，磷 2.13kg，钾 7.92kg，其比例为 1.8：1.3.4。

需肥特性：南瓜不同生长发育阶段对养分的吸收量和吸收比例各异。幼苗期需肥较少，进入果实膨大期是需肥量最大的时期，尤其是对氮素的吸收急剧增加，钾素也有相似的趋势，磷吸收量增加较少。据日本宫崎研究表明，南瓜从定植到拉秧的 137d 中，前 1/3 的时间内对五要素（氮、磷、钾、钙、镁）的吸收量增加缓慢，中间 1/3 的时间增长迅速，而最后 1/3 时间内增长最为显著。全期五要素的吸收量以钾和氮最多，钙居中，镁和磷最少。产量的增加与五要素吸收的总趋势是完全一致的，也是在最后 1/3 的时间内迅速上升。

（四）丝瓜

需肥量：据测定，每生产 1 000kg 丝瓜，需吸收氮 1.9~2.7kg、磷 0.8~0.9kg、钾 3.5~4.0kg。

需肥特性：定植后 30d 内吸氮量呈直线上升趋势，到生长中期吸氮最多。进入生殖生长期，对磷的需要量剧增，而对氮的需要量略减。结瓜期前植株各器官增重缓慢，营养物质的流向是以根、叶为主，并给抽蔓和花芽分化发育提供养分。进入结瓜期后，植株的生长量显著增加，到结瓜盛期达到了最大值，在结瓜盛期内，丝瓜吸收的氮、磷、钾量分别占吸收总氮量的 50%、47%和 48%左右。到结瓜后期，生长速度减慢，养分吸收减少。

（五）苦瓜

需肥量：每生产 1 000kg 苦瓜，需吸收 5.277kg 氮、1.761kg 磷，6.666kg 钾。

需肥特性：苦瓜生长期长，连续开花结瓜能力强，产量高，需肥量大；前期需氮较多，中后期以磷、钾为主。

(六) 西瓜

需肥量：每生产 1 000kg 西瓜，必须保证植株吸收氮 2.52kg，磷 0.81kg，钾 2.86kg，其比例为 3.1∶1∶3.5。

需肥特性：西瓜一生经历发芽期、幼苗期、伸蔓期、开花期和结瓜期。不同时期对养分的需求是不同的。一般幼苗期氮、磷、钾的吸收量仅占总吸收量的 0.6%；伸蔓期占总吸收量的 14.6%；结瓜期约占 84.8%。

三、白菜类蔬菜

需肥量：每生产 1 000kg 鲜菜，需氮、磷、钾分别为 1.77kg、0.81kg、3.72kg，其比例为 2.2∶1∶4.6。

需肥特性：大白菜对三要素的吸收随生育期而变化，苗期为 5.7∶1∶12.7；莲座期为 1.9∶1∶5.9；包心期为 2.3∶1∶4.1。

四、甘蓝类蔬菜

(一) 结球甘蓝

需肥量：生产 1 000kg 结球甘蓝约需氮 3.0kg、磷 1.0kg、钾 4.0kg，其比例为 3∶1∶4。

需肥特性：结球甘蓝是喜肥耐肥作物，对土壤养分的吸收大于一般蔬菜。在幼苗期、莲座期和结球期吸肥动态与大白菜相同。生长前半期，对氮的吸收较多，至莲座期达到高峰。叶球形成对磷、钾、钙的吸收较多。结球期是大量吸收养分的时期，此期吸收氮、磷、钾、钙可占全生育吸收总量的 80%。定植后，35d 前后，对氮、磷、钙元素的吸收量达到高峰，而 50d 前后，对钾的吸收量达高峰。一般吸收氮、钾、钙较多，磷较少。

（二）花椰菜

需肥量：每生产 1 000kg 商品花球，需吸收氮 7.7~10.8kg，磷 3.2~4.2kg，钾 9.2~15kg。

需肥特性：花椰菜需要量最多的是氮和钾，特别是叶簇生长旺盛时期需氮肥更多，花球形成期需磷比较多。现蕾前，要保证磷、钾营养的充分供应。另外，花椰菜生长还需要一定量的硼、镁、钙、钼等微量元素。因此，在保证氮磷钾肥供应的基础上，应加强微量元素的供给。

五、根菜类蔬菜

（一）萝卜

需肥量：亩产量为 4 000kg 时，氮、磷、钾、钙、镁的吸收量分别为 8.5kg、3.3kg、11.3kg、3.8kg、0.73kg，其比例为 2.5：1：3.4：1.2：0.2。

需肥特性：萝卜在不同生育期中对氮磷钾吸收量的差别很大，一般幼苗期吸氮量较多，磷钾的吸收量较少；进入肉质根膨大前期，植株对钾的吸收量显著增加，其次为氮和磷，到了肉质根膨大盛期是养分吸收高峰期，此期吸收的氮占全生育期吸氮总量的 77.3%，吸磷量占总吸磷量的 82.9%，吸钾量占总吸钾量的 76.6%。因此，保证这一时期的营养充足是萝卜丰产的关键。

（二）胡萝卜

需肥量：每生产 1 000kg 肉质根，需吸收氮 3.9~4.1kg、磷 1.5~1.7kg、钾 8.5~11.7kg。

需肥特性：生育初期迟缓，中后期根系开始膨大时生长急速增加，养分吸收也随着生育量的加大而增加。在播种后的两个月内，各要素的吸收量不大，随着根部的膨大，吸收量显著增加，吸收量以钾最多，其次是氮、钙、磷和镁，依次减少。

在收获时叶片中的钾最多，其次是氮、钙、镁，磷很少。而在根部中钾和氮最多，其次是磷、钙和镁。胡萝卜对氮的要求以前期为主，在播种后30~50d，适量追施氮肥很有必要，如此期缺氮，根的直径明显减小，肉质根膨大不良。不同形态的氮对胡萝卜的生长影响很大。胡萝卜对磷的吸收较少，约为吸氮量的1/3。当土壤中有效磷含量少时，增施磷肥的效果明显，随着施肥量增加，产量亦有增加的趋势。对于磷吸收系数比较大的石灰性土壤上，施用较多的磷肥作基肥，有益于植株早期生长和后期根系的膨大。钾对胡萝卜的影响主要是使肉质根膨大，生产中应重视钾肥的施用，防止土壤缺钾，特别是在肉质根膨大期，要保证钾肥的供给。

六、葱蒜类蔬菜

（一）韭菜

需肥量：亩产5 000kg产品，需吸收氮20~30kg、磷9~12kg、钾31~39kg。

需肥特性：幼苗期生长量和耗肥量较小，但营养生长盛期，尤其是春、秋收割季节，生长量和需肥量大，应分期大量施肥。2~4年生的韭菜，生长旺盛，分蘖能力强，产量高，需肥量最大，是肥料需要的高峰。5年生以上的韭菜，逐渐进入衰老阶段，为防止早衰，需要加强施肥。

（二）洋葱

需肥量：生产1 000kg洋葱，需吸收氮1.98kg、磷0.75kg、钾2.66kg、钙1.16kg、镁0.33kg，其比例为2.6∶1∶3.5∶1.5∶0.4。

需肥特性：洋葱根为白色弦线状、浅根性须根系。根系较弱，根毛少，主根系密集分布在土层，入土深度和横展直径为30~40cm，吸收能力和抗旱能较弱。洋葱是喜肥作物，对营养元素的吸收以钾为最多，氮、磷、硼次之，其中氮对洋葱生育影响最大。洋葱根系吸肥力较弱，产量又高，因此，需要充足的营养条件。幼苗期以氮素为主，鳞茎膨大期增施磷钾肥，能促进鳞茎肥大和提高品质。在一般土壤条件下，施用氮肥可显著提高产量。

（三）大葱

需肥量：生产 3 000kg 大葱，需吸收氮 8～10kg、磷 1.5～1.8kg、钾 9～11kg。

需肥特性：大葱对磷的要求以幼苗期最敏感，苗期缺磷时会严重影响大葱的产量；在葱白形成期应加强钾肥的施用。除氮、磷、钾外，钙、镁、硼、锰等微量元素对大葱的生长也有一定的影响，增施含这些元素的肥料可使葱白增长增粗，从而达到提高产量和品味变浓的目的。

七、薯芋类蔬菜

（一）马铃薯

需肥量：每生产 1 000kg 马铃薯块茎，需吸收氮 4.84kg、磷 2.24kg、钾 0.34kg，其比例为 2.2：1：4.6。

需肥特性：马铃薯（土豆）属高淀粉块茎作物，生育期分苗期、块茎形成与增长期、淀粉积累期。马铃薯在整个生育期中，吸收钾肥最多，氮肥次之，磷肥最少。不同生育期对养分的需要有不同的特点。苗期，由于块茎含有丰富的营养物质故需要养分较少，大约占全生育期的 1/4。块茎形成与增长期，地上部茎叶生长与块茎的膨大同时进行，需肥较多，约占总需肥量的 1/2。淀粉积累期，需要养分较少，约占全生育期的 1/4。可见，块茎形成与增长期的养分供应充足，对提高马铃薯的产量和淀粉含量起重要作用。氮素能促进茎、叶生长及块茎淀粉、蛋白质的积累。磷素促进植株生育健壮，提高块茎品质和耐贮性，增加淀粉含量和产量。钾素促进马铃薯生长后期的块茎淀粉积累，增进植株抗病和耐寒能力。另外，马铃薯对硼、锌比较敏感，硼有利于薯块膨大，防止龟裂，对提高植株净光合生产率有特殊作用。

（二）生姜

需肥量：亩产 1 500kg 生姜，需吸收氮 17~19kg、磷 5.5~6.6kg、钾 41~44kg，其比例为 3∶1∶7。

需肥特性：在幼苗期植株生长缓慢，生长量小，幼苗对氮、磷、钾的吸收量也较少，三股杈期以后，植株生长速度加快，分杈数量增加，叶面积迅速扩大，根茎生长旺盛，因而需肥量迅速增加。

（三）山药

需肥量：亩产 1 875kg 山药块茎，需吸收氮 12.15kg，磷 3.02kg，钾 15.22kg，其比例为 4∶1∶5。

需肥特性：山药的生育期较长，需肥量很大，特别喜肥效较长的有机肥。由于块茎的形成伴随着淀粉等物质的积累，故磷钾的需求量相对较大。山药在生长前期，由于气温低，有机养分释放慢，宜供给适量的速效氮肥，促进茎叶生长；生长中后期块茎的生长量急增，需要吸收大量的养分特别是磷钾肥，要特别注意防止缺肥早衰。山药是忌氯作物，土壤中氯离子过量会影响山药生长，表现为藤蔓生长旺盛，块茎产量降低、品质下降、易碎易断，不耐贮藏和运输。因此，不宜施用含氯肥料。

八、绿叶菜类

（一）菠菜

需肥量：菠菜对氮、磷、钾的吸收量，是氮大于钾，钾大于磷，每生产 1 000kg 菠菜，需要吸收氮 2.76kg、磷 0.33kg、钾2.06kg。其氮、磷、钾的吸收比例为8.38∶1∶6.24。

需肥特性：微量元素硼的缺乏会产生缺硼症状。菠菜植株个体对养分的吸收量比较少，但是单位面积群体植株的吸收量比较大，因为每亩株数达到万株。菠菜对养分的需求与植株的生长量同步增加。生长初期，植株生长较小，对养分的吸收量少；植株进入旺盛生长期，对养分的吸收量增加，在这个时期，要特别注重视氮肥的投入，因为氮肥关系到菠菜的产量和品质。如果这个时期氮肥供应量不足，会导致菠菜叶片变小，叶色变黄，食用率降低。因此，在菠菜栽培中要增加有机肥，改善土壤肥力条件，以利于根系吸收养分；同时要及时适量追施氮肥，定植缓苗后追施少量氮肥，进入旺盛生长期，要追施适量的氮肥和钾肥，磷肥要用来作基肥。

（二）芹菜

需肥量：芹菜亩产4 000kg，需氮7.3kg、磷2.7kg、钾16kg、钙6.0kg、镁3.2kg，其比例为2.7∶1∶5.9∶2.2∶1.2。

需肥特性：芹菜需氮量最高，钙、钾次之，磷、镁最少。芹菜对硼的需要量也很大，在缺硼的土壤或因为干旱低温抑制吸收时，叶柄易横裂，即“茎折病”，严重影响芹菜的产量和品质。

（三）莴苣

需肥量：根据测定每形成1 000kg莴苣需要从土壤中吸收氮2.08kg、五氧化二磷0.71kg、氧化钾3.18kg。

需肥特性：莴苣的需肥较大。为促进叶球生长，以氮肥供应最为重要。结球期应供应钾肥。在生长初期，生长量和吸肥量均较少，随生长量的增加，对三要素的吸收量也逐渐增大，尤其到结球期吸肥量呈“直线”猛增趋势。其一生中对钾需求量最大，氮居中，磷最少。莲座期和结球期氮是对其产量影响最大的一种元素。结球1个月内，吸收氮素占全生育期吸氮量的84%。幼苗期缺钾对莴苣的影响最大。莴苣还需钙、镁、硫、铁等中量和微量元素。莴苣无论是叶用的还是茎用的，都要施足基肥，在各生育期还要按需追肥，以满足结球和笋茎肥大的需要。结球期缺肥水，结球会不良；笋茎膨大期缺肥水会导致“窜”。

九、豆类

（一）豇豆

需肥量：每生产1 000kg豇豆，需要纯氮10.2kg，五氧化二磷4.4kg，氧化钾9.7kg，但是因为根瘤菌的固氮作用，豇豆生长过程中需钾素营养最多，磷素营养次之，氮素营养相对较少。因此，在豇豆栽培中应适当控制水肥，适量施氮，增施磷、钾肥。

需肥特性：豇豆对肥料的要求不高，在植株生长前期（结荚期），由于根瘤尚未充分发育，固氮能力弱，应该适量供应氮肥。开花结荚后，植株对磷、钾元素的需要量增加，根瘤菌的固氮能力增强，这个时期由于营养生长与生殖生长并进，对各种营养元素的需求量增加。因此，在豇豆栽培中应适当控制水肥，适量施氮，增施磷、钾肥。

（二）蚕豆

需肥量：据分析，每生产50kg蚕豆籽粒，需要吸收氮3.22kg，五氧化二磷1kg，氧化钾2.5kg。蚕豆对钙的要求也较多，每生产50kg籽粒，需要1.97kg氧化钙。

需肥特性：从出苗期到始花期所需养分总量比重氮、磷、钾是蚕豆必需的主要营养元素。不同生育阶段蚕豆吸收各种营养元素的量并不相同。从发芽到出苗所需养分由种子子叶供给，从出苗到始花期需要全生育期所需养分总量的比重为：氮20%、磷10%、钾37%、钙25%；从始花到终花期的比重为氮48%、磷60%、钾46%、钙59%；自灌浆到成熟的比重为氮32%、磷30%、钾17%、钙16%。氮素主要靠植株正常生长过程中的固氮作用获得，其他元素要依赖施肥。

此外，微量元素对蚕豆的生长发育也很重要。硼能促进根瘤菌固氮，减少落花落荚，提高结荚率。钼对蚕豆根系和根瘤的发育均有良好影响。

（三）菜豆

需肥量：每生产1 000kg菜豆需要氮3.37kg、磷2.26kg、钾5.93kg。

需肥特性：菜豆生育期中吸收氮钾较多，菜豆根瘤菌不甚发达，固氮能力较差，合理施氮有利于增产和改进品质，但氮过多会引起落花和延迟成熟。对磷肥的需求虽不多，但缺磷使植株和根瘤菌生育不良，开花结荚减少，荚内子粒少，产量低，因此应适当补充磷肥。钾能明显影响菜豆的生长和产量，土壤中钾肥不足，影响产量。微量元素硼和钼对菜豆的生长发育和根瘤菌的活动有良好的作用，缺乏这些元素就会影响植株的生长发育，适量施用钼酸铵可以提高菜豆的产量和品质。

矮生菜豆的生育期短，发育早，从开花盛期起就进入旺盛生长期，嫩荚开始生长时，茎叶中的无机养分转向嫩荚。荚果成熟期，磷的吸收量逐渐增加而吸氮量却逐渐减少。蔓性种生长发育得比较缓慢，大量吸收养分的时间开始的也迟，从嫩荚伸长起才旺盛吸收，但其吸收量大，生育后期仍需吸收多量的氮肥。荚果伸长期，茎叶中无机养分向荚果的转移量比矮生菜豆少。所以矮生菜豆宜早期追肥，促发育早，开花结果多，蔓性菜豆更应后期追肥，防止早衰，延长结果期，增加产量。菜豆喜硝态氮，铵态氮多时影响生育，植株中上部叶子会褪绿，且叶面稍有凹凸，根发黑，根瘤少而小，甚至看不到根瘤。

（四）豌豆

需肥量：每生产100kg豌豆籽粒，需要氮3.1kg、五氧化二磷 0. 9kg、氧化钾 2. 9kg。

需肥特性：自出苗到始花期，氮的吸收量占一生总吸收量的 40%，开花期占 59%，终花期至成熟占 1%；磷的吸收分别为 30%、36%、34%；钾的吸收分别为 60%、23%、17%。豌豆营养生长阶段，生长量小，养分吸收也少，到了开花、坐荚以后，生长量迅速增大，养分吸收量也大幅增加，豌豆一生中对氮、磷、钾三要素的吸收量以氮素最多，钾次之，磷最少。豌豆的根瘤虽能固定土壤及空气中的氮素，但仍需依赖土壤供氮或施氮肥补充。施用氮肥要经常考虑根瘤的供氮状况，在生育初期，如施氮过多，会使根瘤形成延迟，并引起茎叶生长过于茂盛而造成落花落荚；

在收获期供氮不足，则收获期缩短，产量降低。增施磷、钾肥可以促进豌豆根瘤的形成，防止徒长，增强抗病性。

第二节　蔬菜测土配方施肥方案的制订

参照《粮油作物测土配方施肥方案的制订》相关内容。

实例：某菜农计划芹菜产量为 4 000kg/亩，土壤肥力中等，试计算需施化肥多少。每 1 000kg 芹菜需吸收的氮磷钾量依次为 2. 0kg、0. 93kg、3. 88kg。如此可算出 4 000kg 芹菜氮、磷、钾吸收量依次为 8. 0kg、3. 79kg、15. 52kg，土壤供给量按 6 成，肥料供给量按 4 成计算，则需要施化肥的实物量计算式为：化肥供给量÷化肥养分含量÷化肥当季利用率，如利用尿素作氮肥，则需施尿素量 = 8. 0kg×0. 4÷46%÷40% = 17. 39kg。磷肥、钾肥实物施用量计算如此类推。

学员练习流程：

（1）安排学生课前预习主要蔬菜的种类；提前了解主要蔬菜的需肥量、需肥特性；提前了解主要蔬菜的施肥关键期、施肥量，不同模式下主要蔬菜的施肥技术。

(2) 在教师的指导下，通过多种信息渠道查询资料。关键词有：主要蔬菜种类、主要蔬菜的需肥量、需肥特性、主要蔬菜的施肥关键期、施肥量、不同模式下主要蔬菜的施肥技术。

(3) 汇总查找的相关资料。在老师的带领下，针对当地典型的蔬菜品种栽培技术，进行实地调研，理论联系实践，加强对蔬菜施肥技术的认知。

(4) 每人写一份学习收获。小组讨论，用集体的智慧完成一份较好的学习收获体会。

(5) 每组选一个代表，在全班讲解小组的学习路径、学习收获，组员补充收获的内容。教师组织发动全班同学讨论、评价各小组的学习情况，达到全班同学共享学习资源和收获体会，巩固所学的知识内容。

第三节　茄果类蔬菜的测土配方施肥技术

一、番茄

(一) 定植期施足基肥

秧苗移栽前每亩施优质农家肥 10 000kg；尿素 10kg、磷酸铵 10kg、过磷酸钙 40~50kg，或者每亩施优质土杂肥 10 000kg、硫酸钾三元复合肥 25~50kg、尿素 10kg。

(二) 壮秧期施肥

番茄幼苗长至 5~6 片叶时，如叶色变淡可进行叶面喷肥。常用的肥料有 300 倍尿素溶液、300 倍磷酸二氢钾溶液、0.1%~0.3%硫酸钾复合肥溶液。在壮秧期每隔 10d 左右喷施 1 次。另外，叶面喷肥可与防治病虫结合进行。

(三) 结果期适时追肥

第一果的直径长至 1.5~2.5cm 时追肥浇水，一般每亩硝酸铵 15~20kg、过磷酸钙 20~30kg，或者用尿素 5kg、硫酸钾复合肥 10~20kg，地面撒施后水冲施入。第 2 和第 3 果长到直径 3cm 大小时，分别进行第 2 和第 3 次施肥浇水，每亩用尿素水 10kg、硫酸钾复合肥 15~20kg，方法同第一次。在盛果期，可结合喷药进行根外追肥，可用磷酸二氢钾、过磷酸钙等肥料，有利于果实着色及品质的提高。

二、茄子

（一）基肥

温室：每亩施腐熟有机肥 8 000~1 000kg，过磷酸钙和硫酸钾各 25kg。

露地：每亩施有机肥 5 000~7 000kg，配合适量过磷酸钙与草木灰等。满足营养需要，改善土壤条件，增加地温。

（二）苗期施肥

在 11m^2 苗床上施入过筛腐熟有机肥 200kg、过磷酸钙与硫酸钾各 0. 5kg，叶片发黄缺氮可喷 0. 2%尿素。培育壮苗，促进花芽分化。

（三）定植后追肥

缓苗后，结合浇水施 1 次腐熟的人粪尿或化肥。第一次花开后幼果期结合浇水，每亩施尿素 10~15kg。门茄膨大后，增加追肥次数，10d 左右追 1 次，直至四门斗茄收获完毕。减少结实较少的间歇周期。促多坐果，防落花，长大果。

三、甜椒

每亩施优质有机肥数量应达到 5 000~7 000kg。基肥可用猪圈粪、人粪尿、鸡粪和土杂肥等。但是无论用什么肥，一定要充分腐熟，同时要注意磷钾配合施用。将过磷酸钙按每亩 35~50kg 掺入有机肥中进行堆制，还可掺入硫酸钾 35~30kg。

（一）基肥

在整地前撒施60%基肥，定植时再按行距开沟、施用剩余的40%。撒施与沟施相结合可避免因肥料集中出现烧苗的现象，有利于小苗发育。

（二）追肥

一般需进行3次追肥。第一次追肥在缓苗后进行，在植株附近开沟追肥，将优质有机肥施于沟中，然后覆土，这时适当控制浇水，以便蹲苗，促进根系发育；第二次追肥在盛果期进行，在第一层果实（门椒）采收前，第二层果实（对椒）和第三层果实（四门斗）继续膨大及第四层果实正在谢花坐果时，是需肥的高峰时期。这时应追施氮肥和适量钾肥，尿素10~13kg或硫酸铵23~28kg，硫酸钾12~15kg；第三次追肥应在采收的中后期进行，每隔8~10d追施1次人粪尿（或畜禽粪水），或适量化学氮肥，其数量应依当时植株的长势而定，并注意与灌溉相结合。

第四节　瓜类蔬菜测土配方施肥技术

一、黄瓜

（一）苗肥

栽培黄瓜的育苗营养土要求质地疏松，透气性好，养分充足，pH在5.5~7.2范围内，配制方法参照番茄的营养土配方。在营养土配制时，加入一定量的磷肥非常必要，一般要加入占营养土总量2%~3%的过磷酸钙。磷肥对促进秧苗根系生长有明显的作用，配制床土时施人适量的过磷酸钙，对培育壮苗有良好效果。

黄瓜苗期如发现缺肥现象，可以通过叶面喷施的方法进行补肥。用含有0.04%的硫酸铵、0.03%的过磷酸钙、0.05%的硫酸镁和0.04%的氯化钾水溶液效果较好；把81g硝酸钾，95g硝酸钙，50g硫酸铵，35g磷酸二氢钾和2g三氯化铁溶于100kg水中，进行叶面喷施效果更好。

（二）底肥

黄瓜根系扎得不深，主要分布在15~25cm的耕层内，根系的耐盐性较差，不宜一次性施用大量化肥，而黄瓜对氮磷钾等营养元素的需要量大，吸收速率快。因此，大量施用有机肥是黄瓜高产栽培的基础，一般以每亩施用4 000~6 000kg的腐熟鸡粪或其他厩肥作为基肥，另外再施用20~30kg的过磷酸钙。

（三）追肥

追肥时，每次的追肥量不要过大，追肥的次数要多，一般要追肥3~5次，掌握好“少量多次”的原则。在结瓜初期进行第一次追肥，每亩施纯氮3~4kg（尿素7~9kg或硫酸铵14~17kg），氧化钾4~6kg（硫酸钾8~12kg）。盛瓜初期进行第二次追肥，在盛瓜期每次的追肥间隔要缩短，结合灌水进行。第三次以前的追肥相同，以后各次减半，最后一次可以不追钾肥。在结瓜盛期可以用0.5%的尿素和0.3%~0.5%的磷酸二氢钾水溶液进行叶面喷施2~3次。

二、冬瓜

冬瓜施肥应以氮肥为主，配合磷、钾肥。施肥时应掌握早促、中控、开花结果后攻的原则。冬瓜定植前要施足基肥，成活后开始追肥，可选用稀释后的腐熟粪肥浇施，并配施磷、钾肥，每隔10~15d追施一次，以促进伸蔓，为对结瓜打好基础。但在雄花开放前后要控制肥水，尤其是氮肥，以免茎叶徒长，造成花瓜。坐瓜后可适当追肥，一般每亩追施5kg尿素或腐熟人粪尿500kg。

三、南瓜

(一) 基肥

以有机肥为主，配合氮、磷、钾复合肥。基肥用量一般占总施肥量的1/3~1/2，每亩施有机肥3 000~4 000kg。磷、钾肥全部或大部分作为基肥，并与有机肥混合一起施入土层中，在有机肥不足的情况下，每亩补施氮、磷、钾复合肥15~20kg。基肥有撒施和集中施用两种方法。撒施时一般应结合深耕进行，均匀撒施有机肥或复合肥以后，进行土壤耕耙，使肥料与土壤均匀混合。在肥料较少时，一般采用开沟集中条施，将肥料施在播种行内。

(二) 追肥

追肥以速效性氮肥为主，配合施用磷、钾肥。追肥量一般占总施肥量的1/2~2/3。追肥时要根据南瓜不同生育期所需氮、磷、钾量的不同而分批进行。苗期追肥以氮肥为主，目的是促进秧苗发棵。一般每亩施尿素5~8kg。结果期不仅需供应充足的氮肥，同时要求磷、钾肥的及时补充，以保证果实充分膨大。一般在坐果以后，每亩施尿素10~15kg，硫酸钾5~10kg，共追施1~2次。在追肥时应注意位置，苗期追肥应靠近植株基部施用，进入结果期，追肥位置应逐渐向畦的两侧移动，一般进行条施。在石灰型性土壤上，氮肥应遵守深施. 覆土的施肥原则，特别是碳酸氢铵，一定要深施6cm以上覆土，以免肥料挥发，降低肥效。硫酸铵、尿素等化学稳定的氮肥，可采用撒施结合灌水进行追肥。在南瓜生长的中、后期，根系吸收养分的能力减弱，为保证南瓜生长发育的需要，可利用根外追肥方式来补充养分。喷施的肥料可用0. 2%~0. 3%的尿素，0. 2%~0. 3%的磷酸二氢钾等，每7~10d喷施1次，几种肥料可交替施用，连喷2~3次。

四、丝瓜

丝瓜的施肥原则是：一是基肥足，每亩施 3 000~5 000kg 腐熟优质有机肥。二是苗肥早，定植后，早施 2~3 次提苗肥，每次每亩追施优质腐熟粪尿肥 100~150kg 加水浇施，以满足早发的需要。三是果肥重，结果盛期追肥 5~6 次，每次每亩追施腐熟人粪尿 200~300kg，或氮、磷、钾复合肥 25~30kg。

五、苦瓜

整地前每亩施优质粪肥 5 000kg，氮肥 40kg，磷肥 50kg，钾肥 30kg。耕深 30cm，平整打畦，畦宽 1.6 m。定植后结合浇缓苗水，每亩施尿素 5kg，生物钾肥 2kg 或磷酸二氢钾 5kg，以后依苗情适量追施提苗或弱小苗重点施肥。当收获第二条瓜后，在距根部 15~20cm 外穴施坐果肥，每亩施氮、磷钾复合肥 20~30kg，后期注意根外追肥，以防早衰。苦瓜生育期长，采收期达 3 个多月，因此要保证水肥供应充足，特别是进入盛果期，如遇干旱应每 7d 浇一次水。浇水之前应结合穴施尿素或复合肥，每亩施 7~10kg，如遇连阴雨，应注意排涝；同时叶面喷施磷酸二氢钾 2~3 次。

在保护地内的施肥原则应掌握以粪肥为主，化肥为辅；粪肥与磷、钾肥及少量氮肥（尿素）作底肥，其余氮素化肥随水追施。追肥时间，以采收始期至采收盛期较好，追肥量应是前轻后重，有条件可选用 C/N 较大、充分腐熟的粪肥或缓效化肥。但不宜施用氮肥增效剂。

六、西瓜

（一）基肥

每亩施用商品有机肥 250kg 以沟施为宜，也可施于瓜畦上，后翻入土中。

（二）追肥

巧施苗肥：西瓜幼苗期，土壤中需有足够的速效肥料，以保证幼苗正常生长的需要。一般来说，在基肥中已经施入了部分化肥的地块，只要苗期不出现缺肥症状，可不追肥。苗期追肥切忌过多、距根部过近，以免烧根造成僵苗。

足追伸蔓肥：西瓜瓜蔓伸长以后，应在浇催蔓水之前施促蔓肥，由于伸蔓后不久瓜蔓即爬满畦面（有些地方习惯在伸蔓时给畦面进行稻草覆盖），不宜再进行中耕施肥，因此大部分肥料要在此时施下。一般每亩追施三元复合肥 20~25kg，尿素 20~25kg，硫酸钾 10~12kg。伸蔓肥以沟施为宜，但开沟不宜太近瓜株，以免伤根，施肥后盖土。

酌施坐瓜肥：西瓜开花前后，是坐瓜的关键时期，为了确保西瓜植株能够正常坐瓜，一般来说不要追肥。但在幼瓜长到鸭蛋大小时，西瓜进入吸肥高峰期。此期若缺肥不仅影响瓜的膨大而且会造成后期脱肥，使植株早衰，既降低西瓜产量，又影响瓜的品质。所以要酌施坐瓜肥，一般可用高浓度复合肥 5~10kg 对水淋施。

后期适当喷施叶面肥：西瓜膨瓜后进入后期成熟阶段，根系的吸肥能力已明显减弱，为弥补根系吸肥不足而确保西瓜的正常成熟与品质的提高，可进行叶面喷施追肥。如可喷 0.2%~0.3%的尿素溶液，或 0.2%尿素+磷酸二氢钾混合液。配合多种微量元素推广叶面追肥，配合多种微量元素叶面追肥方法方便简单，养分全面，吸收养分快，见效快。多种营养元素配合使用，做到根据西瓜的需要进行合理施用。

第五节　大白菜测土配方施肥技术

一、基肥

首先要施足基肥，每亩施腐熟好的有机肥 3 000~5 000kg，配合适宜的配方肥 30~40kg，在翻地前撒施，做到土肥相融，配方肥首选 18-12-20、18-12-18、16-16-16 等硫基型，也可用 19-19-19、18-18-18、17-17-17 等氯基型。

二、追肥

大白菜追肥要抓住幼苗期、莲座期和结球期。应根据施用的基肥品种选用 18-12-20、18-12-18、34-0-16 等肥料作追肥，对已施足基肥的幼苗期可不追肥。结球期如能配合追施硝态氮肥则更好。每次每亩追肥量 15~20kg。可在行间沟施、株间穴施并及时覆土，最好配合浇水，莲座期和结球期不便操作可结合浇水冲施。

第六节　甘蓝类蔬菜测土配方施肥技术

一、结球甘蓝

甘蓝喜肥，尤其是对氮肥的需要量大，因此整个管理过程要注重施足氮肥。

基肥：每亩施入充分腐熟的厩肥 6 000~7 000 kg、尿素 40kg、过磷酸钙 40~60kg、氯化钾 20~30kg 作基肥，在土地翻耕时全部撒施，并翻耕于土中。适当补充钙、铁等中、微量元素。

追肥：甘蓝定植 10 余天，经过浇水、中耕蹲苗后，即可开始第一次追肥，每亩施化肥10~15kg或人粪尿1 000kg左右，为莲座期生长提供充足养分。进入莲座叶初期，可进行第二次追肥，适当提高人粪尿的浓度，并增施速效氮肥15~20kg，以加速叶片快速生长。进入莲座盛期可进行第三次追肥，应在行间开沟或挖穴，追施腐熟的有机肥和硫酸铵、过磷酸钙等肥料，施后覆土并浇水，进入结球后，在初期和中期，再分别追肥两次，每次追施磷酸铵15~20kg。到甘蓝结球后期，一般不再追施肥料。

二、花椰菜

花椰菜栽培分春作和秋作两茬，多采用育苗移栽。为培育壮苗和利于缓苗，在分苗及定植均可随水追施低浓度的人粪尿。秧苗宜定植在有机质丰富、疏松肥沃的壤土或沙壤土上。早熟品种生长期短，对土壤营养的吸收量相对较低，但其生长迅速，对养分要求迫切。所以早熟品种的基肥除施用有机肥外，每10 000m^{2}还需加施人粪尿22 000~30 000kg。中、晚熟品种生育期长，基肥应以厩肥和磷、钾肥配合施用，一般每公顷施厩肥40 000~75 000kg。定植缓苗后，为促进营养生长，尽快建成强大的营养体，应追肥1次。当花球直径长到2~5cm时，为保证花球发育所需的矿质营养，需及时施肥浇水。一般从定植到收获需追肥2~3次。早熟品种每次每10 000m^{2}用人粪尿22 000~30 000kg，或氮素20~30kg，中、晚熟品种每次每10 000m^{2}施用人粪尿30 000~40 000kg或氮素45~75kg。

第七节　根菜类蔬菜测土配方施肥技术

一、萝卜

萝卜是喜钾作物。萝卜在不同生育期中对氮、磷、钾吸收量的差别很大，一般幼苗期吸氮量较多，磷钾的吸收量较少；进入肉质根膨大前期，植株对钾的吸收量显著增加，其次为氮和磷，到了肉质根膨大盛期是养分吸收高峰期，保证这一时期的营养充足是萝卜丰产的关键。施肥技术要点：

基肥：一般每亩施腐熟有肥 2 000kg 以上，并结合施用磷、钾化肥。

追肥：在前期适当追肥的基础上，当萝卜破肚时，结合灌溉每亩施尿素 8~10kg。氮肥施用不宜过多、过晚，应尽量在萝卜膨大盛期前施用，如果施用过多或过晚，易使肉质根破裂或产生苦味，影响萝卜的品质。在萝卜膨大盛期还需要增施钾肥。此外还应注意养分平衡，施用三元复合（混）肥比单施尿素可使萝卜增产，并能改善其品质。

二、胡萝卜

施足基肥：胡萝卜根系入土深，适于肥沃疏松的沙壤土。播种前应深耕，施足基肥。每亩施腐熟厩肥和人粪尿 2 000~2 500kg，过磷酸钙 15~20kg，草木灰 100~150kg。如果仅用化学肥料，每亩可用硫酸铵 20kg，过磷酸钙 30~40kg，硫酸钾 30~35kg。施用的方法有撒施和沟施两种，凡施用固体肥料都应与细土掺匀后混施。施肥对肉质根的形状影响较大，化学肥料用量多而有机肥少时，畸形根比例显著增加；增施腐熟有机肥做基肥，可以减少畸形肉质根的形成。若施用未腐熟的有机肥，易增加畸形根。

合理追肥：胡萝卜除施足基肥外，还要追肥 2~3 次。一般第一次是在出苗后 20~25d，长出 3~4 片真叶后，每亩施硫酸铵 5~6kg，钾肥 3~4kg。第二次追肥在胡萝卜定苗后进行，每亩可用硫酸铵 7~8kg，钾肥 4~5kg。第三次追肥在根系膨大盛期，用肥量同第二次追肥。施肥的种类除化肥外，也可使用腐熟的人粪尿，每亩施用 1 000~2 000kg。追肥的方法，可以随水灌入，也可以将人粪尿加水泼施。生长后期应避免肥水过多，否则易造成裂根，也不利于贮藏。

巧施微肥：胡萝卜对钙的吸收较多，钙含量多时会使胡萝卜糖分和胡萝卜素含量下降，缺钙时易引起空心病；胡萝卜对镁元素的吸收量不多，镁含量越多，其含糖量和胡萝卜素含量也越多，品质越好。基肥中施用钙镁磷肥，可分别于幼苗期、叶片生长盛期各喷施一次。肉质根膨大初期和中期用0.1%~0.25%的硼酸溶液或硼砂溶液各喷施一次。

第八节　葱蒜类蔬菜测土配方施肥技术

一、韭菜

韭菜对肥料的需求以氮肥为主，配合适量的磷、钾肥料。只有氮素肥料充足叶子才能肥大柔嫩，与其他蔬菜相比吸氮量较高，但氮素过多易造成韭菜倒伏。增施钾肥可以促进细胞分裂和膨大，加速糖分的合成和运转；施入足量的磷肥，可促进植株对氮肥的吸收，提高产品品质。另外，有机肥料的施入可以改良土壤，提高土壤的通透性，促进根系生长，改良品质。

基肥：韭菜在经过苗床育苗后，移栽时的幼苗仍相对比较弱小，吸肥能力弱，应施足基肥，以满足韭菜生长前期对于养分的需求。定植前，在定植地内亩施入5 000kg有机肥，采用撒施方式，耕翻入土，整平地后按栽培方式作畦或开定植沟，畦内（沟内）再每亩施入优质有机肥2 000kg，肥料与土壤混合均匀后即可定植。

追肥：除施足基肥外还应分期追施速效化肥，促进生长，使幼苗生长健壮。定植后进入秋凉季节，韭菜生长速度及生长量均增加，应及时进行追肥，以促进韭菜对养分的吸收和累积量。

收割前施肥：一般在韭菜苗高12~15cm时结合浇水追2次肥，每亩施硫酸铵20kg。定植后的韭菜经过炎热夏季后，进入凉爽秋季。此时是韭菜最适宜的生长阶段，是肥水管理的关键时期，及时施肥，促进叶部生长为韭菜根茎膨大和根系生长奠定物质基础。韭菜的越冬能力和来年的长势主要取决于冬前植株积累营养的多少，而营养物质的积累又决定于秋季生长状况，所以应抓好此阶段的肥水管理。一般要追2~3次肥。北方地区追施肥料于9月上旬和下旬各1次，每亩施硫酸铵15~20kg，随水施入。10月上旬再追1次硫酸铵（用量同上）或追施1次粪稀。

当年播种的韭菜一般当年不收割。播种第二年的韭菜已经生长健壮，发育成熟，开始收割上市。此期的施肥原则是及时补充因收割而带走的养分，使韭菜迅速恢复生长，保持旺盛的生长势头，防止因收割造成养分损失而导致植株早衰。

收割后施肥：在韭菜收割后2~3d，新叶长出2~3cm高时结合浇水，每亩施硫酸铵15~20kg。不要收割后马上浇水、施肥，这样易引起根茎腐烂。

韭菜收割一般在春秋两季，炎夏不收割韭菜。夏季由于韭菜不耐高温，高温多雨使光合作用降低，呼吸强度增强，生长势减弱，呈现“歇伏”现象，此期韭菜管理以“养苗”为主。养苗期间要适当追肥，以增强韭菜抗性，使之安全越夏。追肥量以每亩施硫酸铵15~20kg为宜，施肥可在雨季进行，此时期可以采用撒施的方式施入硫酸铵。

在韭菜生长期内可以适当增施草木灰。草木灰是良好的水溶性速效钾肥，有利于韭菜发根、分蘖，有明显的增产效果。棚室韭菜主发病害是灰霉菌，撒施草木灰可降低灰霉病的发病率。草木灰吸水量大，能迅速降低土壤含水量，降低棚内空气湿度，控制病菌传播，同时，对韭菜根蛆有一定防治作用。

二、洋葱

洋葱育苗床应选择疏松肥沃、保水力强的土壤，施足底肥，一般在 $11m^2$ 育苗畦中施用腐熟有机肥 25~30kg，再加五氧化二磷 0.08~0.15kg；幼苗期可结合浇水追施腐熟人粪尿 17~20kg，或追氮 0.09~0.12kg，以促进幼苗生长。幼苗定植前要整地、施足基肥，每 10 000m^2 施用有机肥用量 20 000~40 000kg，对酸性土壤可施入 450~600kg 的草木灰，对磷肥不足的田块加施五氧化二磷 55~90kg。洋葱缓苗后进入茎叶生长，为促进形成良好的营养器官，需抓紧追施第一次肥，每 10 000m^2 施人粪尿 15 000~19 000kg，或追氮 30~45kg。鳞茎膨大期应追施 2~3 次"催头肥"，每次每 10 000m^2 施氮 45~60kg。追施化肥的方法，苗小时可撒施，随后立即浇水，不应延误。植株长大封严后可结合浇水施肥。在定植后 30~50d，即在鳞茎开始转入迅速膨大期，为重点追肥期，对洋葱的增产效果显著。追肥时既要重视数量和质量，还要注意追肥的适宜时期。若重点施肥时间过迟则鳞茎迅速膨大时缺乏足够的营养，成熟期推迟，不能及时转入休眠，影响洋葱的产量，也不利于贮藏；如重点追肥过早，地上部叶子易贪青生长，因而不利于鳞茎的膨大。

三、大葱

大葱施肥分育苗期（苗床肥）与定植后田间生长期两个阶段。

（一）苗期

大葱育苗期要重施基肥，一般每亩施 2 000~3 000kg 优质土杂肥、圈肥和 40~60kg 过磷酸钙作基肥。整地前撒施于地面，然后浅耕细耙，使肥料与土壤充分混合后整平做畦。播种时每亩撒施尿素 5kg 或复合肥 10~15kg 作种肥，锄匀耧平，使种肥与畦土均匀混合，以免伤种。一般越冬前苗床不施肥、浇水。

越冬期为确保幼苗安全过冬，在土壤开始上冻时，可结合浇越冬水追施少量的氮、磷肥，并在地面铺施1~2cm厚的土杂粪、圈粪等。翌年春天葱苗返青时，结合浇返青水追施返青提苗肥，一般每亩施磷酸铵10kg。在幼苗旺盛生长前期和中期，根据幼苗的长势，可各追施1次速效性氮肥，每亩施硫酸铵5~10kg或尿素3~5kg。定植前控肥控水炼苗，能提高定植后的成活率。

（二）定植前

大葱定植前要施足基肥，以腐熟有机肥为主，一般每亩施5 000~8 000kg。含磷钾少的土壤亩增施磷酸钙25kg、草木灰150kg或硫酸钾10kg。此外，每亩撒施磷酸铜2kg、硼酸1kg。普施与集中施相结合，普施在土地耕翻前撒施，集中施是开葱沟后在沟内集中施用。

（三）定植后

田间生长期。大葱田间生长期间追肥应掌握前轻、中重、后补的原则。追肥要与中耕、培土和浇水相结合。立秋至白露是大葱的叶片旺盛生长期，要追施“攻叶肥”，以确保叶部生长，为大葱优质高产奠定足够的光合营养面积。立秋、处暑追施攻叶肥。立秋第一次追肥，每亩施土杂肥3 000~4 000kg或饼肥150~200kg，也可施尿素10~15kg。施在沟背上，中耕使肥、土混合后划入沟中。处暑第二次追肥，每亩施饼肥50~100kg、人粪尿750kg、过磷酸钙30kg、草木灰100kg，施后中耕、培土、浇水。白露至霜降，是大葱发棵期，即葱白形成期，大葱的生长量和需肥量都较大，要重施追肥，在白露和秋分各追施1次发棵肥。白露第三次追肥，每亩施硫酸铵15~20kg或尿素10~15kg，草木灰100kg或硫酸钾10~15kg。秋分第四次追肥，每亩施尿素15~20kg，或复合肥20~30kg，草木灰100kg或硫酸钾10~15kg。

第九节　薯芋类蔬菜测土配方施肥技术

一、马铃薯

我国南、北方均种植马铃薯，南方土壤缺钾多，应增施钾肥，北方土壤缺磷多，应增施磷肥，但马铃薯对钾素需求大，也应该重视。

（一）施足基肥

马铃薯施肥以基肥为主，一般占总用肥量的60%~70%。通过试验施基肥可增产5%~8%。基肥结合整地或覆土时施入，播种后每亩用2 000~2 500kg有机肥盖种，然后再用150kg稻草覆盖。有机肥来源广，取材方便，养分全，是理想的马铃薯有机肥和盖种材料。用稻草覆盖，不仅增加土壤的透气性，还可使结出的薯块表皮光滑，有光泽，提高马铃薯的商品外观，腐烂后又可增加土壤有机质含量，3d后，把总施肥量50%的氮肥、40%的钾肥和100%的磷肥施入，每亩同时施入2kg硫黄，施肥方法以条施为主，随即覆土。

（二）早施追肥

氮肥在追肥中不宜过迟，尤其在后期，以避免茎叶徒长和影响块茎膨大及品质。中后期以施钾肥为主。可分为2~3次施用，齐苗时进行第一次追肥，促早发，增加光合作用面积。此时氮肥占施氮量的30%，钾肥占总施钾量的20%，对水浇施，沟底留有浅水层，施后应立即排水。现蕾时进行第二次追肥，促茎叶持续生长，增加光合作用面积，有利于块茎的膨大。这次追肥一般施入总施氮量的20%，总施钾量的40%。追肥宜在下午进行，应避免肥料沾上叶片，肥料撒施后应立即浇水以加速肥料溶解，兼顾清洗叶片。试验表明，后期增施钾肥不仅可增产3%~6%，商品正品率较对照提高2%~3%。以后看苗施肥，苗势差的每亩应补施4~5kg的进口复合肥。

（三）适当根外追肥

马铃薯对钙、镁、硫等中、微量元素要求较大，为了提高品质，可结合病虫害防治进行根外追肥，前期用高氮型，以增加叶绿素含量，提高光合作用效率，后期距收获期40d，采用高钾型，每7~10d喷1次，以防早衰，加速淀粉的累积。

（四）根据生育期，选择肥料品种

施足基肥可以促进马铃薯前期枝叶繁茂，根系发达。一般采用的肥料：氮肥以尿素为主。尿素肥性温和不易灼伤幼苗和根系，施入土壤后需经过分解转化为碳铵后才能被作物吸收。磷素肥以过磷酸钙为宜，它不仅含磷，还含有硫、钙等中量元素；钾肥采用氯化钾，施肥时可将3种肥料混合一起，条状施入畦中。

第一次追肥可采用碳酸氢铵加过磷酸钙对水浇施，施肥时应使碳铵充分溶解，以免桶底肥液浓度过高灼伤叶片。中后期则多采用尿素、氯化钾或进口复合肥混合施用。

在马铃薯团棵期、现蕾期，向叶片喷施锰、锌、铁肥，可防止叶片黄化，从而提高产量。硼对促进植物体内碳水化合物的运输及发育有特殊作用，如土壤中有缺硼现象，可用0.01%的硼砂溶液浸块茎，增产效果明显。

二、生姜

生产上，根据生姜的需肥规律进行配方施肥，适时追施氮肥有助于增产。生姜的施肥分为基肥和追肥。

（一）基肥

有机肥、饼肥和化肥都可以作为基肥投入。有机肥在播种前结合整地撒施，一般每亩施优质腐熟鸡粪5~8 m^3，施后旋耕；饼肥、化肥集中沟施，即在播种前将粉碎的饼肥和化肥集中施入播种沟中，一般每亩施饼肥 75~100kg，氮、磷、钾复合肥 50kg 或尿素、过磷酸钙、硫酸钾各 25kg。

（二）追肥

除施足基肥外，一般进行 3 次追肥。第一次追“壮苗肥”：幼苗期植株生长量小，需肥不多，但幼苗生长期长，为促进幼苗生长健壮，通常在苗高 30cm 左右，具有 1~2 个分枝时进行第一次追肥。这次追肥以氮肥为主，每亩可施硫酸铵或磷酸二铵 20kg。若播期过早，苗期较长，可随浇水进行 2~3 次施肥，施肥数量同上。

第二次追“转折肥”：在立秋前后，此时是生姜生长的转折时期，也是吸收养分的转折期，自此以后，植株生长加快，并大量积累养分形成产品器官。因此，对肥水需求量增大，为确保生姜高产，于立秋前后结合姜田除草，进行第二次追肥。这次追肥对促进发棵和根茎膨大有着重要作用。这次追肥一般将饼肥或肥效持久的农家肥与速效化肥结合施用。每亩用粉碎的饼肥 70~80kg，腐熟的鸡粪 3~4 m^3，复合肥 50~100kg 或尿素 20kg、磷酸二铵 30kg、硫酸钾 50kg，在姜苗的一侧距植株基部 15cm 处开一条施肥沟，将肥料撒入沟中、并与土壤混匀，然后覆土封沟、培土，最后浇透水。

第三次追“壮姜肥”：在 9 月上旬，当姜苗具有 6~8 个分枝时，也正是根茎迅速膨大时期，可根据植株长势进行第三次追肥，称“壮姜肥”。对于长势弱或长势一般的姜田及土壤肥力低的姜田，此期可追施速效化肥，尤其是钾肥和氮肥，以保证根茎所需的养分。一般每亩施复合肥 25~30kg 或硫酸铵、硫酸钾各 2.5kg。对土壤肥力高，植株生长旺盛的姜田，则应少施或不施氮肥，防止茎叶徒长而影响养分累积。

锌肥和硼肥通常可作基肥或根外追肥。在缺锌缺硼姜田作基肥时，一般每亩施用 1~2kg 硫酸锌、硼砂 0.5~1kg，与细土或有机肥均匀混合，播种时施在播种沟内与土混匀：如作追肥和叶面喷施，可用0.05%~0.1%硼砂每亩50~70 L，分别于幼苗期、发棵期，根茎膨大期喷施3次。

三、山药

山药施肥一般以基肥为主，追肥为辅。基肥以充分腐熟的优质粪肥和复合肥为主，也可以氮、磷、钾配比施用。而追肥的重点则在块茎膨大期，要因植株长势追施适量速效肥料，以促健长，防早衰。施用基肥时，每亩施腐熟的粪肥2 000~4 000 kg、氮磷钾含量18-18-18的复合肥60~80kg（施用前将二者充分拌和），或有机肥2 000kg、尿素25kg、磷酸二铵25kg、硫酸钾30kg。基肥在整地前全田均匀撒施，施后将肥料耕翻入30cm耕层中。巧追肥的原则是“前期重，中期稳，后期防早衰”。施用追肥时，苗期以氮肥为主，每亩施10~15kg高氮钾型复合肥。7月上旬每亩施高氮钾型复合肥20~25kg，并喷施一次0.25%磷酸二氢钾。从7月下旬开始，可喷0.25%磷酸二氢钾2~3次，8月上旬每亩施氮磷钾复合肥20~30kg。块茎充实期通常不采取泥土追肥，可喷施0.25%磷酸二氢钾1次，以延长藤蔓生长时间。

第十节 绿叶菜类测土配方施肥技术

一、菠菜（越冬菠菜）

（一）施足基肥

由于越冬菠菜生育期较长，为了防止生长期间脱肥，播种前基肥必须充足。一般以有机肥和应施的全部磷、钾肥做基肥全层施入，然后整地做畦，并随后喷施新高脂膜800倍液保护肥效。

(二) 越冬前适当控制氮肥

适时播种，并应控制氮肥含量，防止秧苗徒长干物质和糖分积累量减少而遭受冻害；如播种过晚或地力不足，可适当追施氮肥，促进秧苗生长，以保证菠菜以适宜的苗龄越冬；并在菠菜齐苗后喷施新高脂膜 800 倍液防止病菌侵染，提高抗自然灾害能力，提高光合作用强度，保护禾苗苗壮成长。

(三) 返青后加强肥水管理

越冬返青后是菠菜追肥关键时期，要严格控制追肥时间，防止追肥不当影响菠菜的生长，通常在 3 月中下旬和 4 月上旬分 2 次追施较为适宜，同时追肥随灌水进行；并适时喷施壮茎灵使植物杆茎粗壮、叶片肥厚、叶色鲜嫩、植株茂盛，天然品味浓。同时可提升抗灾害能力，减少农药化肥用量，降低残留量。

(四) 慎用铵态氮肥

菠菜对铵态氮肥敏感，越冬菠菜的生产季节正值秋冬和冬春交界时期，此时土温低，土壤的硝化作用很弱，因此最好少用铵态氮肥，可适当多用硝态氮肥，同时配合喷施新高脂膜 800 倍液保护肥效，大大提高铵态肥的有效成分利用率。

二、芹菜

(一) 苗肥

保护地栽培的芹菜一般都要经过育苗，然后再定植。营养土的配制可以参照番茄的营养土配制方法，也可以按体积比用 1/2 的菜园土与 1/2的腐熟或半腐熟堆肥混匀后做营养土，并按重量的 2%~3%掺入过磷酸钙。在出苗后 30d 左右，酌情追施 1 次低浓度氮肥，每哇追施硫酸铵 0. 2kg 或腐熟的稀人粪尿。

(二) 基肥

由于芹菜根系浅，栽培密度大，在定植前整地时一定要施足底肥。每亩施入 4 000～5 000kg 有机肥，30～35kg 过磷酸钙。25～20kg 硫酸钾，对于缺硼土壤每亩可施入 1～2kg 硼砂。

（三）追肥

一般在定植后缓苗期间开始追肥，缓苗时植株生长很慢，为了促进新根和叶片的生长，可施一次提苗肥，每亩随水追施 10kg 硫酸铵，或腐熟的人粪尿 500～600kg。从新叶大部分展出到收获前植株进入旺盛生长期，叶面积迅速扩大，叶柄迅速伸长，叶柄中薄壁组织增生，芹菜吸肥量大，吸肥速率快，要及时追肥。第一次每亩追施尿素 7～9kg 或硫酸铵 15～20kg，硫酸钾 10～15kg。第一次追肥后的第 15d 左右，芹菜开始进入旺盛生长期，细小白根布满地面，叶色鲜绿而发亮，叶面出现一些凸起，这时进行第二次追肥，用量与第一次相同。再过 15d 左右进行第三次追肥，肥料用量与第一次相同，或视芹菜的生长情况增加或减少肥料用量。

氮肥和钾肥每次施用量不宜过多，土壤中氮、钾浓度过高会影响硼、钙的吸收，造成芹菜心叶幼嫩组织变褐，并出现干边，严重时枯死，在灌水不足、土壤干旱和地温低时更加严重。所以要控制氮肥和钾肥的用量，增加硼肥和钙肥的施用，保持土壤湿润，避免土温过低。在植株缺硼时还容易产生茎裂，茎裂多出现在外叶叶柄的内侧。心叶发育时期缺硼，其内侧组织变成褐色，并发生龟裂现象。叶面喷施 0.5%的硼砂水溶液可在一定程度上避免茎裂的发生。

施化肥时要在露水散尽后撒施，还要用新扫帚扫净落在叶片上的肥料，注意边施肥边灌水。灌水标准应以水在畦面上淹没心叶为宜，这样可以防止落入心叶上的化肥烧坏生长点。棚室栽培芹菜，灌水后要加强放风，保持畦面湿润。高温多雨季节追肥要用氮素化肥，不用人粪尿，以免烂根。追肥要多次施用，每次不宜太多。塑料薄膜棚室内的水分不易散失，特别是在严寒冬季，放风时间短，室内湿度过大，植株蒸腾量小，应尽量减少灌水次数和灌水量，以防湿度过大引发病害。

三、莴苣

莴笋分叶用和茎用两种，适合春秋两季种植。秋季栽培茎用莴笋对肥水要求严格，通过合理水肥管理，前期叶面积迅速扩大和后期肉质茎的横向膨大是取得较高产量和较好品质的关键。

莴笋施肥既强调氮、磷、钾、钙、镁、铁、锌等大中微量元素及有机、无机的合理配施，也突出养分关键期和养分最大效益期的科学管理，否则管理不当不仅浪费肥料，还会引起徒长和过早抽薹，不能形成硕大肥嫩的肉质茎。同时由于天气原因容易引起霜霉病、白粉病等叶部病害的感染和传播，多年重茬种植也容易引起土传病害如茎部腐烂的发生，严重影响销售品质，减少收益。

（一）春莴苣施肥

春莴苣播期在头年的9月以后，冬前停止生长的一段时期。定植缓苗后施速效性氮肥，每亩施用尿素7.5kg，以促进叶数的增加及叶面积的扩大，次年返青后，叶面积迅速增大呈莲座状，应追施1次速效性氮肥，每亩施用尿素10kg，追肥结合浇水进行。浇水后，茎部肥大速度加快，需肥水量增加，一般每亩施用尿素10kg，并施磷酸二氢钾10kg。施肥也可少量多次进行，因茎部肥大期地面稍干就浇，同时可用1 000mg/L青鲜素进行叶面喷洒，抑制抽薹。

（二）秋莴苣施肥

秋莴苣，除施足基肥外，定植后浅浇勤浇直至缓苗，缓苗后施速效性氮肥，每亩施用尿素7.5kg，“团棵”时施第二次肥，结合浇水每亩施用尿素10kg或磷酸二铵15kg，以加速叶片分化和叶面积扩大。茎部开始肥大时，追施第三次肥，结合浇水每亩施用尿素 10kg 和 0.3%磷酸二氢钾叶面喷施。同春季一样，为了防抽薹和增加茎重，可喷施 500~1 000mg/L 青鲜素或 6 000~10 000mg/L 矮壮素。

第十一节　豆类测土配方施肥技术

一、豇豆

豇豆是一种可以共生固氮的作物，需氮量相对较少，需磷、钾量较多。

（一）重施基肥

豇豆忌连作，最好选择 3 年内未种过棉花和豆科植物的地块，基肥以施用腐熟的有机肥为主，配合施用适当配比的复合、混肥料，如 15-15-15 硫酸钾型复合肥等类似的高磷、钾复合、混肥比较适合于作豇豆的基肥选用。值得注意的是，在施用基肥时应根据当地的土壤肥力，适量的增、减施肥量。

（二）巧施追肥

定植后以蹲苗为主，控制茎叶徒长，促进生殖生长，以形成较多的花序。结荚后，结合浇水、开沟，每 10 000m^2 追施腐熟的有机肥 15 000kg 或者施用 20-9-11 含硫复合肥等类似的复合、混肥料 75~120kg，以后每采收两次豆荚追肥 1 次，肥料用量为每 10 000m^2 追施尿素 75~150kg、硫酸钾 75~120kg，或者追施 17-7-17 含硫复合肥等类似的复混肥料 120~180kg。为防止植株早衰，第一次产量高峰出现后，一定要注意肥水管理，促进侧枝萌发和侧花芽的形成，并使主蔓上原有的花序继续开花结荚。

除此之外，在生长盛期，根据豇豆的生长现状，适时用 0.3%的磷酸二氢钾进行叶面施肥，同时为促进豇豆根瘤提早共生固氮，可用固氮菌剂拌种。

上述有关豇豆的施肥量只能作为参考，具体的施肥量还要根据当地的土壤肥力水平确定。但是需要特别提醒的是，追肥后必须结合浇水，要肥水结合，有肥无水等于无肥。可以选用控释 BB 肥，以便明显减少施肥次数，减少劳动力投入，降低生产成本，提高豇豆种植的经济效益。

二、蚕豆

（一）南方冬蚕豆施肥

南方冬蚕豆为越冬作物，生育期较长，根据其需肥特性，蚕豆施肥应掌握“重施基肥，增施磷、钾肥，看苗施氮、分次追肥”的原则。基肥以腐熟有机肥为主，适当配合磷、钾肥。基肥一般每亩施人粪尿或猪牛栏粪 500～750kg、过磷酸钙 25～30kg、对缺钾的土壤还要增施草木灰 25～50kg 或氯化钾 3～5kg。氮肥宜作种肥施用。一般每亩施硫酸铵约 5kg、或尿素 2～2.5kg、或磷酸二铵 10kg。此外，蚕豆播种前酌情用根瘤菌生物肥料、钼肥、硼肥等对种子进行种子处理。冬蚕豆苗期一般不必追肥，但对于瘠薄土壤或基肥不足、长势差的地块，应在苗期及时轻施氮肥提苗。一般每亩施硫酸铵 3～4kg，或人畜粪尿 250kg，或尿素 1.5～2kg 对水 1 500kg 左右浇苗根。冬蚕豆春肥的施用要看苗灵活掌握，前期肥料足、地力好、长势旺的可不施或少施，反之，应早施多施。在常年冬发较好的情况下，只限于生长差的地块补肥促发。一般的春肥每亩用 2.5kg 尿素与 5kg 过磷酸钙掺匀施用，或用约 10kg 磷酸二铵。蚕豆在开花结荚期生长发育加快，吸收养分最多，生物固氮作用达最旺盛，以后逐渐下降，直至停止。普施重施花荚肥有保花、增荚、增粒、增重的作用，是增加蚕豆产量的一项重要措施。一般以初花期追施为宜、不能迟于盛花期。一般每亩用人粪尿 200～250kg 水浇苗根，或施尿素 5～10kg。长势差的地块要适当早施重施，于初花期每亩施折纯氮 2.5～3kg 的氮肥，做到增花增荚兼顾。长势一般的，在开花始盛期每亩施折合纯氮 1.8～2.4kg 的氮肥，以利于多结下部荚，争取中部荚。长势好的应晚施轻施，在中花盛荚期每亩施折合纯氮 1～1.5kg 的氮肥，以稳住下部荚，争取中部荚，促进粒饱。磷、钾肥提倡作基肥和种肥施用，若土壤缺乏而前期未施，可在追施氮肥的同时每亩施过磷酸钙 10～15kg，氯化钾或硫酸钾约 5kg。磷、钾肥也可用叶面喷施的方法施用。在开花结荚阶段每亩用 1%～2%的过磷酸钙浸提液 50kg，溶进 500g 氯化钾，叶面喷施，也可每亩用 0.2%～0.3%的磷酸二氢钾溶液 50kg 叶面喷施。还可以根据需要加入适量的尿素及钼、硼等量元素肥料后喷施。一般 7～10d 喷施 1 次，共喷 2～3 次，可获得明显增产效果。

（二）北方春蚕豆施肥技术

我国淮河以北地区蚕豆多为春播。春蚕豆早春播种时气温低，肥效慢，宜重施基肥。基肥以有机肥为主，配合适量的速效化学肥料。春蚕豆施用的有机肥必须要经过腐熟，否则肥效对春蚕豆的作用很小。基肥一般每亩施腐熟厩肥或炕土 1 500～2 000kg，过磷酸钙 20～25kg，草木灰 250～500kg 或氯化钾 4～5kg。基肥最好结合秋耕或冬耕施用。蚕豆播种时每田用 5kg 硫酸铵，或 2～3kg 尿素，或约 10kg 磷酸二铵作种肥。播种前也要根据情况用根瘤菌生物肥、硼、钼等微量元素肥料拌种或浸种。春蚕豆一般不追苗肥，但对瘠薄土壤而言，如果施基肥和种肥时没有施入氮肥，可于第一至第二片真叶展开前追苗肥，一般每亩施硫酸铵或碳酸氢铵 4～5kg。北方春蚕豆开花以后看苗追肥技术可参考南方冬蚕豆施肥技术进行。

三、菜豆

菜豆全生育期每亩施肥量为类肥 2 500～3 000kg（或商品有

机肥350~400kg），氮肥（N）8~10kg、磷肥（P_2O_5）5~6kg、钾肥（K_2O）9~11kg，有机肥作基肥，氮、钾肥作基肥和追肥施入，磷肥全部作基肥施入土壤。化学肥料和粪肥（或商品有机肥）要混合施用。

（一）基肥

基肥施用粪肥每亩施用2 500~3 000kg（或商品有机肥350~400kg），尿素3~4kg、磷酸二铵11~13kg、硫酸钾6~8kg。

（二）追肥

苗期追肥：播种后20~25d，在菜豆开始花芽分化时，如果没有施足基肥，菜豆可能会表现出缺肥症状，应及时进行追肥，但苗期施过多氮肥，会使菜豆徒长，因此，是否追肥应根据植株长势而定。抽蔓期追肥：抽蔓期仍以营养生长为主，追肥可促进茎叶的生长，为开花结荚奠定基础。一般每亩施尿素6~9kg，硫酸钾4~6kg。

开花结荚期追肥：开花结荚期是肥水管理的关键时期，对氮、磷、钾等养分的吸收量随植株生长速度加快而增加，呈需肥高峰，适时追肥，可促进果荚迅速生长。开花结荚期需肥量大，一般可每亩施尿素5~7kg、硫酸钾4~6kg。根外追肥：结荚盛期，可用0.3%~0.4%的磷酸二氢钾叶面喷施3~4次，每隔7~10d喷施1次。设施栽培可补充二氧化碳气肥。

四、豌豆

（一）基肥

豌豆基肥要特别强调早施。北方春播宜在秋耕时施基肥，南方秋播也应在播前整地时施基肥，以保证苗全、苗壮、苗旺。一般每亩施有机肥3 000~5 000kg、过磷酸钙25~30kg、尿素10kg、氯化钾15~20kg或草木灰100kg。

（二）追肥

根据豌豆的长势，可在开花始期进行第1次追肥，一般每亩施尿素5kg、氯化钾5kg或三元复合肥15～20kg，结合浇水；第2次追肥可在坐荚后进行，每亩追施尿素7.5kg、氯化钾7.5kg或三元复合肥20～25kg，同时结合浇水。

第五章　农作物虫害防控基础知识

昆虫属于动物界中无脊椎动物节肢动物门昆虫纲，是动物界中种类最多、分布最广、种群数量最大的类群。动物界有350万多种，已知昆虫种类110多万种，约占动物界的1/3。昆虫不仅种类多，而且与人类的关系非常密切，许多昆虫可危害农作物，传播人、畜疾病。也有很多昆虫具有重要的经济价值，如家蚕、柞蚕、蜜蜂、紫胶虫、白蜡虫等，有的昆虫能帮助植物传播花粉，有的能协助人们消灭害虫。农业昆虫是指危害农作物的昆虫和天敌昆虫，还包括蜘蛛纲的蜘蛛和螨类以及蜗牛和蛞蝓等。

第一节　昆虫的形态和繁殖

一、昆虫的形态特征

昆虫最主要的特征是其成虫的躯体明显的分为头、胸、腹3段，胸部一般有两对翅，3对足。根据这些特征就能与其他节肢动物区分开来。

（一）头部

头部着生触角、眼等感觉器官和取食的口器。触角的形状因昆虫的种类和性别而有变化；昆虫的眼一般有复眼和单眼；昆虫的口器有多种类型，如具有虹吸式口器的蝶类、蛾类，其幼虫常常是咀嚼式口器；舔吸式的蝇类；锉吸式的蓟马。

农作物上主要害虫的两类口器：一是咀嚼式：如小菜蛾、

菜青虫、棉铃虫等，具有咀嚼式口器的害虫咬食植物叶片造成缺刻、孔洞，或吃掉叶肉仅留叶脉；钻蛀茎秆或果实的造成空洞和隧道，危害幼苗的咬断根茎。二是刺吸式：如蚜虫、白粉虱、叶蝉等，刺吸式口器的害虫以取食植物汁液来危害植物，在被害处形成斑点或造成破叶，严重时引起畸形，如卷叶、皱缩、虫瘿等，很多刺吸式害虫是植物病毒的传播者，因传毒造成的损失往往比害虫本身造成的损失还要大。

(二) 胸部

胸部分前胸、中胸和后胸；每节胸的侧下方着生一对足，分别称为前足、中足和后足；中胸和后胸背上各有一对翅；昆虫的翅有透明的膜翅，如蚜虫、蜂类；有保护和飞翔作用的覆翅，如蝗虫、蝼蛄等；有蛾、蝶类的鳞翅等。昆虫翅的类型是昆虫分类的主要依据。

(三) 腹部

一般由9~11节组成，腹内有内脏器官和生殖器官。昆虫雄性外生殖器叫交尾器，雌性外生殖器称为产卵器，昆虫可将卵产在植物体内或土壤中。

(四) 昆虫的体壁

昆虫的躯体被骨化的几丁质包被，称为外骨骼。其功能是保持体形、保护内脏、防止体内水分蒸发和外物侵入；体壁上的鳞片、刚毛、刺等，上表皮的蜡层、护蜡层均会影响昆虫体表的黏着性，所以具有脂溶性好、又有一定水溶性的杀虫剂能通过昆虫的上表皮和内外表皮，表现比较好的杀虫效果。同一种的昆虫低龄期比老龄期体壁薄，药液比较容易进入体内，因此在低龄期施药，药效能大大提高。

二、昆虫的繁殖和发育

（一）生殖方式

昆虫是雌雄异体的动物，绝大多数昆虫需经过雌雄交尾，受精卵产出体外才能发育成新的个体，这种繁殖方式称为有性生殖。但有些昆虫的卵不经过受精也能发育，这种繁殖方式称为孤雌生殖，孤雌生殖对昆虫的扩散具有重要作用，因为只要有一头雌虫传到一个新的地方，在适宜的环境中就能大量繁殖。害虫还有一种繁殖方式叫卵胎生，即卵在母体内发育成幼虫后才产出体外的生殖方式。

（二）龄期

昆虫的发育是从卵孵化开始，从卵孵化出的幼虫叫一龄幼虫，经第一次蜕皮后的幼虫为二龄幼虫，前一次蜕皮到后一次蜕皮的时间称为龄期，一般昆虫在三龄期以后因外壁和蜡质加厚往往抗药性增强。因此，三龄幼虫前进行化学药剂防治效果较好。幼虫发育到成虫以后便不再蜕皮。

（三）发生世代

从卵孵化经几次蜕皮后发育为成虫，称为一个世代。经过越冬后开始活动，至翌年越冬结束的时间称为生活史，不同的昆虫因每一世代长短不同，所发生的世代也不同，有的昆虫一年只发生一个世代，有的昆虫几年才完成一个世代，如金龟子；但多数昆虫一年能发生几个世代，如蚜虫、棉铃虫、小菜蛾等。昆虫一年能发生多少世代，常随其分布的地理环境不同而异，一般南方比北方发生世代多。

经越冬后昆虫出现最早的时间称始发期，在一个生长季中昆虫发生最多的时期称为盛发期，昆虫快要终止时称为发生末期。不少昆虫由于产卵期很长以及龄期的差异，同一世代的个体有先有后，在田间同一个时期，可以看到上世代的个体与下一个世代的个体同时存在的现象，这称为世代重叠或世代交替。

（四）变态类型

昆虫从卵孵化到成虫性成熟的发育过程中，除内部器官发生一系列变化外，外部形态也发生不同形体的变化，这种虫态变化的现象称为昆虫的变态。常见的变态有以下两种。

（1）不完全变态：昆虫一生经过卵、若虫、成虫三个阶段，若虫的形态和生活习性和成虫基本相同，只是体型大小和发育程度上有所差别。如蝗虫、叶蝉、椿象等。

（2）完全变态：昆虫一生经过卵、幼虫、蛹、成虫四个阶段，幼虫在形态和生活习性上与成虫截然不同，完全变态必须经过蛹期才能变为成虫。如菜青虫、烟青虫、金龟子等。

第二节　昆虫的习性

一、昆虫的食性

（一）植食性

以植物及其产品为食的昆虫称为植食性昆虫。植食性昆虫的食性是有选择性的，有的昆虫只吃一种作物，如小麦吸浆虫、豌豆象，称为单食性害虫；有的吃某一类作物，如菜青虫，只吃十字花科蔬菜，称为寡食性害虫；有的吃多种不同植物，如棉铃虫、地老虎、蝼蛄等，称多食性害虫。

（二）肉食性

以活的动物体为食的昆虫称为肉食性昆虫。肉食性昆虫多数是益虫，如捕食性的瓢虫、草蛉以及寄生性的赤眼蜂、丽蚜小蜂等。

（三）腐食性

以动物的尸体、粪便和腐烂的动植物组织为食的昆虫，称为腐食性昆虫。如食粪蜣螂。

二、多型现象

在同一种群中往往存在习性上和形态上多样化的现象，如白蚁是家族性生活，各有不同分工，有蚁皇、蚁后、兵蚁、工蚁等，蚜虫有无翅型和有翅型，飞虱有短翅型和长翅型之分，这种现象称作多型现象。

三、补充营养

昆虫发育到成虫后，为了满足性器官发育和卵的成熟，需要补充营养，如黏虫、地老虎和草蛉，利用这一特性，可以用糖蜜诱杀黏虫和地老虎的成虫，也可以在早春种植蜜源开花植物招引天敌昆虫草蛉来栖息。

四、昆虫的趋性

在生产上有重要作用的是昆虫的趋光性和趋化性，大多数夜出活动的昆虫，如蛾类、金龟子、蝼蛄、叶蝉、飞虱等，有很强的趋光性，这是黑光灯诱杀害虫的科学依据。蚜虫、白粉虱、叶蝉等对黄色有明显的趋向性，这是黄板诱杀的原理。趋化性是昆虫对某些化学物质刺激的反应，昆虫在取食、交尾、产卵时尤为明显，如菜粉蝶趋向含有芥子油的十字花科蔬菜，利用糖醋诱杀害虫也是利用昆虫的趋化性。

五、群集性

有些昆虫具有大量个体群集的现象。如地老虎在春季常在苜蓿地、棉苗地大量发生，但经过一段时间后，这种群集就会消失，而飞蝗个体群集后就不再分离。

六、扩散与迁飞性

蚜虫在环境不适宜时，以有翅蚜在蔬菜田内扩散或向邻近菜地转移；东亚飞蝗、黏虫、褐飞虱等害虫则有季节性的南北迁飞危害的习性。

第三节　害虫的发生与环境的关系

影响害虫发生的时间、地区、发生数量以及危害程度是与环境密切相关的。影响害虫发生的时间及危害程度的环境因素中，主要有以下三方面。

一、食物因素

农作物不仅是害虫的栖息场所，而且还是害虫的食物来源，害虫与其寄主植物世代相处，已经在生物学上产生了适应的关系，也就是害虫的取食具有一定选择性，既有喜欢吃的也有不喜欢吃的植物。如保护地种植的番茄、辣椒是白粉虱喜欢的寄主，容易造成大发生，甚至大暴发；而种植芹菜、蒜黄等白粉虱不喜欢吃的植物就可避免大发生。所以，改变种植品种、布局、播期以及管理措施等都可以很大程度上影响害虫的发生程度。

二、气象因素

气象因素包括温度、湿度、风、雨、光等，其中温度、湿度影响最大。昆虫是变温动物，其体温随环境温度的变化而变化，所以昆虫的生长发育直接受温度的影响，可以影响害虫发生的早晚和每年发生的世代数；湿度与雨水对害虫的影响表现是，有些害虫在潮湿雨水大的条件下不易存活，如蚜虫、红蜘蛛喜欢干旱的环境条件。

三、天敌因素

害虫的天敌是抑制害虫种群的十分重要的因素，在自然条件下，天敌对害虫的抑制能力可以达到20%~30%，不可低估天敌的抑制能力。了解和认识昆虫的天敌是为了保护和利用天敌，达到抑制或防治害虫的目的。害虫天敌是自然界中对农业害虫具有捕食、寄生能力的一切生物的统称，昆虫的天敌主要包括以下3类。

（一）天敌昆虫

包括捕食性和寄生性两类，捕食性的有螳螂、草蛉、虎甲、步甲、瓢甲、食蚜蝇等。寄生性的以膜翅目、双翅目昆虫利用价值最大，如赤眼蜂、蚜茧蜂、寄生蝇等。

（二）致病微生物

目前，研究和应用较多的昆虫病原细菌为芽孢杆菌，如苏芸金杆菌。病原真菌中比较重要的有白僵菌、蚜霉菌等。昆虫病毒最常见的是核型多角体病毒。

（三）其他食虫动物

包括蜘蛛、食虫螨、青蛙、鸟类及家禽等，它们多为捕食性（少数螨类为寄生性），能取食大量害虫。

第四节　农业昆虫的重要类别

昆虫的分类地位是动物界节肢动物门昆虫纲，纲以下是目、科、属、种4个阶元，再细分可在各阶元下设“亚”级，在目、科之上设“总”级。

种是昆虫分类的基本阶元，并用国际上通用的拉丁文书写，由属名、种名和定名人3部分组成。了解和认识昆虫的分类是识别昆虫的基本常识，昆虫纲分33个目，其中与农业生产关系比较密切的有以下各目。

一、鞘翅目

鞘翅目是昆虫纲中最大的目，通称为“甲虫”，体壁坚硬，口器为咀嚼式口器，多数植食性，少数肉食和粪食性；成虫有假死性，大多数有趋光性。

（一）金龟总科

成虫体型较大，鞘翅坚硬，幼虫称为蛴螬，生活在地下或腐败物中，如华北大黑鳃金龟、铜绿丽金龟是北方重要的地下害虫。

（二）叶甲科

体型多为卵形和半球形，多有金属光泽，故有“金花甲”之称。如黄条跳甲。

二、瓢甲科

体型小，体背隆起呈半球形，鞘翅常具有红色、黄色、黑色等星斑。多数为肉食性，如捕食蚜虫的七星瓢虫；少数为植食性害虫，如二十八星瓢虫。

三、鳞翅目

本目是昆虫纲中仅次于鞘翅目的第二大目，包括蛾和蝶两大类，成虫体翅上密布各种颜色的鳞片组成不同的花纹，这是重要的分类特征。全变态，成虫为虹吸式口器，幼虫为咀嚼式口器，大多数为植食性，多为重要的农业害虫，少数如家蚕、柞蚕是益虫。

（一）粉蝶科

如菜粉蝶，幼虫菜青虫。

(二) 螟蛾科

如豆荚螟、玉米螟。

(三) 夜蛾科

如棉铃虫、斜纹夜蛾、小地老虎。

(四) 菜蛾科

如小菜蛾。

四、同翅目

刺吸式口器，不完全变态，分有翅型和无翅型，长翅型和短翅型等多型现象，全部为植食性。

(一) 蚜科

如蚜虫，常有世代交替或转换寄主现象，同种有无翅和有翅两种类型。

(二) 粉虱科

如温室白粉虱、烟粉虱。

(三) 叶蝉科

如绿叶蝉。

(四) 飞虱科

如稻灰飞虱、褐飞虱等。

五、蚧总科

如吹绵蚧、粉蚧。

六、直翅目

咀嚼式口器，不完全变态，多为植食性。

(一) 蝗科

如东亚飞蝗。

（二）蝼蛄

如华北蝼蛄。

七、半翅目

通称为椿象，如稻绿椿。

八、膜翅目

本目包括各种蜂和蚂蚁。主要的科是赤眼蜂科：能寄生在多种昆虫的卵中，如小赤眼蜂，是当前生产上防治玉米螟的重要天敌昆虫。

九、双翅目

包括各种蚊、蝇等。

（一）食蚜蝇科

多为捕食性，可捕食蚜虫、介壳虫等害虫。如大灰食蚜蝇。

（二）潜蝇科

如美洲斑潜蝇。

第五节　生物防治方法

生物防治法就是利用自然界中各种有益生物或有益生物的代谢产物来防治有害生物的方法。生物防治的优点是对人、畜、植物安全，不杀伤天敌及其他有益生物，一般不污染生态环境，往往对有害生物有长期的抑制作用，而且生物防治的自然资源比较丰富，使用成本比使用化学农药低。因此，生物防治是综合防治的重要组成部分。但是，生物防治也有局限性，如作用较缓慢，在有害生物大发生后常难以控制；使用时受气候和地域生态环境影响大，效果不稳定；多数天敌的选择性或专化性强，作用范围窄，控制的有害生物数量仍有限；人工开发周期长，技术要求高等。所以，生物防治必须与其他防治方法相结合。

一、以虫治虫

以害虫作为食物的昆虫称为天敌昆虫。利用天敌昆虫来防治害虫，称为“以虫治虫”。天敌昆虫主要有捕食性和寄生性两大类型。

（一）捕食性天敌昆虫

专以其他昆虫或小动物为食物的昆虫，称为捕食性昆虫。分属于18个目近200个科，常见的捕食性天敌昆虫有蜻蜓、螳螂、猎蝽、刺蝽、花蝽、姬猎蝽、瓢虫、草蛉、步甲、食虫虻、食蚜蝇、胡蜂、泥蜂、蚂蚁等。这些天敌一般比被猎取的害虫大，捕获害虫后立即咬食虫体或刺吸害虫体液，捕食量大，在其生长过程中，能捕食几头至数十头，甚至数千头害虫，可以有效地控制害虫种群数量。例如，利用澳洲瓢虫与大红瓢虫防治柑橘吹绵介壳虫较为成功；一头草蛉幼虫，一天可以吃掉几十头甚至上百头蚜虫。

（二）寄生性天敌昆虫

这些天敌寄生在害虫体内，以害虫的体液或内部器官为食，导致害虫死亡。寄生性天敌昆虫分属于5个目近90个科内，主要包括寄生蜂和寄生蝇，其虫体均比寄主虫体小，以幼虫期寄生于害虫的卵、幼虫及蛹内或体表，最后寄主害虫随天敌幼虫的发育而死亡。目前，我国利用寄生性天敌昆虫最成功的例子是：利用赤眼蜂寄生多种鳞翅目害虫的卵。

以虫治虫的主要途径有以下3个方面。

（1）保护利用本地自然天敌昆虫。如合理用药，避免农药杀伤天敌昆虫；对于园圃修剪下来的有虫枝条，其中的害虫体内通常有天敌寄生，因此，应妥善处理这些枝条，将其放在天敌保护器中，使天敌能顺利羽化，飞向园圃等。

（2）人工大量繁殖和释放天敌昆虫。目前，国际上有130余种天敌昆虫已经商品化生产，其中，主要种类为赤眼蜂、丽蚜小蜂、草蛉、瓢虫、小花蝽、捕食螨等。

（3）引进外地天敌昆虫。如早在19世纪80年代，美国从澳大利亚引进澳洲瓢虫（*Rodolia cardinalis*），5年后原来为害严重的吹绵蚧就得到了有效控制；1978年我国从英国引进丽蚜小蜂（*Encarsia formosa* Gahan）防治温室白粉虱取得成功。

二、以菌治虫

以菌治虫，就是利用害虫的病原微生物及其代谢产物来防治害虫。该方法具有对人、畜、植物和水生动物无害，无残毒，不污染环境，不杀伤害虫的天敌，持效期长等优点，因此，特别适用于植物害虫的生物防治。

目前，生产上应用较多的是病原细菌、病原真菌和病原病毒三大类。我国利用的昆虫病原细菌主要是苏云金杆菌（Bt），主要用于防治棉花、蔬菜、果树、水稻等作物上的多种鳞翅目害虫。目前，国内已成功地将苏云金杆菌的杀虫基因转入多种植物体内，培育成抗虫品种，如转基因的抗虫棉等。我国利用的病原真菌主要是白僵菌，可用于防治鳞翅目幼虫、叶蝉、飞虱等。目前，发现的昆虫病毒以核型多角体病毒（NPV）最多，其次为颗粒体病毒（GV）及质型多角体病毒（CPV）等。其中，应用于生产的有棉铃虫、茶毛虫和斜纹夜蛾核型多角体病毒，菜粉蝶和小菜蛾颗粒体病毒，松毛虫质型多角体病毒等。

近年来，在玉米螟生物防治中，还推广以卵寄生蜂（赤眼蜂）为媒介传播感染玉米螟的病毒，使初孵玉米螟幼虫罹病，诱导玉米螟种群罹发病毒病，达到控制目标害虫玉米螟为害的目的。被称为“生物导弹”防治玉米螟技术。

此外，某些放线菌产生的抗生素对昆虫和螨类有毒杀作用，这类抗生素称为杀虫素。常见的杀虫素有阿维菌素、多杀菌素等。例如，阿维菌素已经广泛应用于防治多种害虫和害螨。

三、以菌治菌（病）

“以菌治菌（病）”是利用对植物无害或有益的微生物来影响或抑制病原物的生存和活动，减少病原物的数量，从而控制植物病害的发生与发展。有益微生物广泛存在于土壤、植物根围和叶围等自然环境中。应用较多的有益微生物如细菌中的放射土壤杆菌、荧光假单胞菌和枯草芽孢杆菌等，真菌中的哈茨木霉及放线菌（主要利用其产生的抗生素）等。如我国研制的井冈霉素是由吸水链霉菌井冈变种产生的水溶性抗生素，已经广泛应用于水稻纹枯病和麦类纹枯病的防治。

四、其他有益生物的应用

在自然界，还有很多有益动物能有效地控制害虫。如蜘蛛和捕食螨同属于节肢动物门、蛛形纲，主要捕食昆虫，农田常见的有草间小黑蛛、八斑球腹蛛、拟水狼蛛、三突花蟹蛛等，主要捕食各种飞虱、叶蝉、螨类、蚜虫、蝗蝻、蝶蛾类卵和幼虫等。很多捕食性螨类是植食性螨类的重要天敌，重要的有植绥螨科、长须螨科。这两个科中有的种类如胡瓜钝绥螨、尼氏钝绥螨、拟长行钝绥螨已能人工饲养繁殖并释放于农田、果园和茶园。如以应用胡瓜钝绥螨为主的“以螨治螨”生物防治技术，1997 年以来已在全国 20 个省市的 500 余个县市的柑橘、棉花、茶叶等 12 种作物上应用，用以防治柑橘全爪螨、柑橘锈壁虱、柑橘始叶螨、二斑叶螨、截形叶螨、土耳其斯坦叶螨、山楂叶螨、苹果全爪螨、侧多食跗线螨、茶橙瘿螨、咖啡小爪螨、南京裂爪螨、竹裂螨、竹缺爪螨等害螨的为害，每年可减少农药使用量 40%~60%，防治成本仅为化学防治的 1/3，具有操作方便、省工省本、无毒、无公害的特点，成为各地受欢迎的一个优良的天敌品种。

两栖类动物中的青蛙、蟾蜍、雨蛙、树蛙等捕食多种农作物害虫，如直翅目、同翅目、半翅目、鞘翅目、鳞翅目害虫等。大多数鸟类捕食害虫，如家燕能捕食蚊、蝇、蝶、蛾等害虫。有些线虫可寄生地下害虫和钻蛀性害虫，如斯氏线虫和格氏线虫，用于防治玉米螟、地老虎、蛴螬、桑天牛等害虫。此外，多种禽类也是害虫的天敌，如稻田养鸭可控制稻田潜叶蝇、稻水象甲、二化螟、稻飞虱、中华稻蝗、稻纵卷叶螟等害虫。鸡可啄食茶树上的茶小绿叶蝉。

五、昆虫性信息素在害虫防治中的应用

近年来，昆虫性信息素在害虫防治中的应用越来越广泛。昆虫性信息素是由同种昆虫的某一性别分泌于体外，能被同种异性个体的感受器所接受，并引起异性个体产生一定的行为反应或生理效应。多数昆虫种类由雌虫释放，以引诱雄虫。目前，全世界已鉴定和合成的昆虫性信息素及其类似物达2 000余种，这些性信息素在结构上有较大的相似性，多数为长链不饱和醇、醋酸酯、醛或酮类。每只昆虫的性外激素含量极微，一般在0. 005~1微克。甚至只有极少量挥发到空气中，就能把几十米、几百米甚至几千米以外的异性昆虫招引来，因此，可利用一些害虫对性外激素的敏感，采用性诱惑的方法设置诱捕器、诱芯来进一步诱杀大量的雄蛾，减少雄蛾与雌蛾的交配机会，从而对降低田间卵量、减少害虫的种群数量起到良好的作用。目前，已经应用在二化螟、小菜蛾、甜菜夜蛾和斜纹夜蛾的防治中，在农药的使用次数和使用量大幅度削减，减低农药残留的同时，虫害得到有效控制，保护了自然天敌和生物多样性。

第六章　农作物病害防控基础知识

第一节　植物病害的概念

一、植物病害的定义

当植物受到不良环境条件的影响或遭受其他生物侵染后，其代谢过程受到干扰和破坏，在生理、组织和形态上发生一系列病理变化，并出现各种不正常状态，造成生长受阻、产量降低、质量变劣甚至植株死亡的现象，称为植物病害。

植物病害都有一定的病理变化过程（即病理程序），而植物的自然衰老凋谢以及由风、雹、虫和动物等对植物所造成的突发性机械损伤及组织死亡，因缺乏病理变化过程，故不能称为病害。

一般来说，植物发病后会不同程度地导致植物产量的减少和品质的降低，给人们带来一定的经济损失。但有些植物在寄生物的感染或在人类控制的环境下，也会产生各种各样的“病态”，如茭白受到黑粉病菌的侵染而形成肥厚脆嫩的茎，弱光下栽培成的韭黄等，其经济价值并未降低，反而有所提高，因此不能把它们当作病害。

二、植物病害的类型

植物病害发生的原因称为病原。根据病原不同，可将植物病害分为非侵染性病害和侵染性病害两大类。

第一，非侵染性病害是指由非生物因素即不适宜的环境因素引起的病害，又称生理性病害或非传染性病害。其特点是病害不具传染性，在田间分布呈现片状或条状，环境条件改善后可以得到缓解或恢复正常。常见的有营养元素不足所致的缺素症、水分不足或过量引起的旱害和涝害、低温所致的寒害和高温所致的烫伤及日灼症以及化学药剂使用不当和有毒污染物造成的药害和毒害等。

第二，侵染性病害是指由病原生物侵染所引起的病害。其特点是具有传染性，病害发生后不能恢复常态。一般初发时都不均匀，往往有一个分布相对较多的“发病中心”。病害由少到多、由轻到重，逐步蔓延扩展。

非侵染性病害和侵染性病害是两类性质完全不同的病害，但它们之间又是互相联系和互相影响的。非侵染性病害常诱发侵染性病害的发生，如甘薯遭受冻害，生活力下降后，软腐病菌易侵入；反之，侵染性病害也可为非侵染性病害的发生提供有利条件，如小麦在冬前发生锈病后，就将削弱植株的抗寒能力而易受冻害。

第二节　植物病害的形成及症状

一、植物病害的形成

在整个农业生态系统中，各事物之间存在着错综复杂的相互关系。野生植物与栽培作物，作物与作物，作物的个体与群体，作物的细胞与细胞，作物的地上与地下部分，作物与周围的环境因素，例如，阳光、空气、水分、养分、风、雨、温度、湿度以及有益的和有害的生物等，构成了一定的系统，无不在一定的时间、空间条件下，形成互相连接和互相制约的关系，而一切事物无不按照对立统一的法则发生和发展着。

农作物在长期的自然和人工选择下，形成其种群的生物学特性，对其周围的环境因素有着一定的适应范围，与其他生物种群保持着一定的消长关系。如果环境条件发生剧烈变化，其影响超出该种作物固有的适应限度，作物的正常代谢作用就会遭到干扰和破坏，使其生理功能或组织结构发生一系列的病理变化，以致在形态上呈现病态，这叫做发病。

导致植物形成病害的原因总称为病原，其中有非生物因素和生物因素。非生物因素包括气候、土壤、栽培条件等，例如，土壤水分过少或过多，导致旱或涝；温度过低，导致冻害等。生物因素包括真菌、细菌等多种微生物，它们自身不能制造营养物质，需要从其他有生命的生物或无生命的有机物质中摄取养分才能生存。这种寄生于其他生物的生物称为寄生物。能引起植物病害的寄生物称为病原物。如果寄生物为菌类，可称为病原菌。被寄生的植物称为寄主。

二、植物病害的症状

植物感病后其外表的不正常表现称为症状。症状包括病状和病征两方面。病状是指植物本身表现出的各种不正常状态；病征是指病原物在植物发病部位表现的特征。植物病害都有病状，而病征只有在真菌、细菌所引起的病害才表现明显。

（一）病状类型

（1）变色。植物患病后局部或全株失去正常的绿色，称为变色。叶绿素的合成受抑制或被破坏，植物绿色部分均匀地变为浅绿、黄绿称褪绿，褪成黄色称为黄化；叶片不均匀褪色，呈黄、绿相间，称为花叶；花青素形成过盛，叶片变红或紫红称为红叶。

（2）坏死。植物受害部位的细胞和组织死亡，称为坏死。常表现有病斑、叶枯、溃疡、疮痂等，植物发病后最常见的坏死是病斑。病斑可以发生在根、茎、叶、果等各个部位，因病斑的颜色、形状等不同有褐斑、黑斑、轮纹斑、角斑、大斑等之称。

（3）腐烂。植物细胞和组织发生较大面积的消解和破坏，称为腐烂。组织幼嫩多汁的，如瓜果、蔬菜、块根及块茎等多出现湿腐，如白菜软腐病；组织较坚硬，含水分较少或腐烂后很快失水的多引起干腐，如玉米干腐病。幼苗的根或茎腐烂，幼苗直立死亡，称为立枯，幼苗倒伏，称为猝倒。

（4）萎蔫。植物由于失水而导致枝叶萎垂的现象称为萎蔫。由于土壤中含水量过少或高温时过强的蒸腾作用而引起的植物暂时缺水，若及时供水，植物是可以恢复正常的，这称为生理性萎蔫。而因病原物的侵害，植物根部或茎部的输导组织被破坏，使水分不能正常运输而引起的凋萎现象，通常是不能恢复的，称为病理性萎蔫。萎蔫急速，枝叶初期仍为青色的叫青枯，如番茄青枯病。萎蔫进展缓慢，枝叶逐渐干枯的叫枯萎，如棉花枯萎病。

（5）畸形。受害植物的细胞或组织过度增生或受到抑制而造成的形态异常称为畸形。如植株徒长、矮缩、丛枝、瘤肿、叶片皱缩、卷叶、蕨叶等。

（二）病征类型

（1）霉状物。病部表面产生各种颜色的霉层，如绵霉、霜霉、青霉、灰霉、黑霉、赤霉等。

（2）粉状物。病部形成的白色或黑色粉层，分别是白粉病和黑粉病的病征。

（3）锈状物。病部表面形成小疱状突起，破裂后散出白色或铁锈色的粉末状物，分别是白锈病和各种锈病的病征。

（4）粒状物。病部产生的形状、大小及着生情况各异的颗粒状物。如油菜菌核病病部产生的菌核；小麦白粉病、甜椒炭疽病病部上的小黑粒等。

(5) 脓状物。病部产生乳白色或淡黄色，似露珠的脓状黏液，干燥后成黄褐色薄膜或胶粒，这是细菌性病害特有的病征，称菌脓。

症状是植物内部病变的外观表现，各种病害大都有其独特的症状，因此，症状常作为诊断病害的重要依据。但是，需要注意的是，同一种病害因发生在不同寄主部位、不同生育期、不同发病阶段和不同环境条件下，可表现出不同的症状；而不同的病害有时却可以表现相似的症状。所以症状只能对病害做出初步诊断，必要时还需进行病原物鉴定。

第三节　侵染性病害和非侵染性病害的识别

根据生物因素和非生物因素引起植物病害的性质，可以分为侵染性病害（也称传染性或寄生性病害）和非侵染性病害（也称非传染性或生理性病害）。

一、侵染性病害

由病原生物引起的植物病害称为侵染性病害。引起侵染性病害的病原物有真菌、细菌、病毒、类菌原体、线虫及寄生性种子植物等，侵染性病害是可以传染的。当前农业上发生的重要病害，主要是由真菌、细菌、病毒和线虫引起的，其中由真菌引起的病害最多。

二、非侵染性病害

由不适宜的环境因素引起的植物病害称为非侵染性病害。这类病害是由不良的物理或化学等非生物因素引起的生理性病害，是不能传染的。

植物生长发育需要良好的环境条件，如条件不适宜甚至有害，例如养分不足、缺乏或不均衡；土壤中的盐类过多、过酸或过碱；水分过多、过少或忽多、忽少；湿度过高、过低或忽高、忽低，光照过强或过弱；环境中存在有毒物质或气体，都会影响植物的正常生长发育，导致病害发生。

第四节　植物非侵染性病害

非侵染性病害的病因很多，其中主要是来自于土壤、大气环境、环境污染以及由于栽培管理不当引起的危害。

一、缺素症

植物所需的大量元素（如氮、磷、钾、钙、镁、硫）和微量元素（如铁、锰、锌、铜、硼、钼等），如果缺少或比例失衡，植物不能正常吸收利用时，就会呈现缺素现象，尤其在北方保护地蔬菜种植的棚室土壤里，因长年连续种植一种或几种蔬菜而造成缺素现象非常普遍。如番茄脐腐病，在果实顶端脐部出现深褐色凹陷的病斑，病因是缺钙引起的，实际上土壤里并不缺钙离子，而是钙离子处于不能被植物吸收的状态，或由于过量使用磷、钾肥而抑制钙离子的吸收，而高温、干旱也会影响钙离子的吸收。另一种普遍发生的缺素症是缺铁白化病，植物叶片内缺乏铁离子，则不能形成叶绿素，使植物呈现白化，缺铁白化一般出现在新叶上而老叶正常。番茄筋腐病症状是病果坚硬，形成褐色条纹，切开病果有坏死筋腐条纹，病因是由于代谢紊乱造成体内缺乏锌、镁、钙等多种元素的缺素症。缺硼引起顶芽或嫩叶基部变淡绿，茎叶扭曲，根部易开裂，心部易坏死，花粉发育不良影响授粉结实。如萝卜褐心，菜花空茎等现象。

二、药害

药害产生的原因往往是农药使用浓度过高，或使用过期失效的农药，混配不当，或由于某些蔬菜对农药敏感，容易引起药害等。在生产实践中有时会将药害当成病害，盲目地防治，所以对药害的识别是非常必要的。如黄瓜对石灰特别敏感，所以黄瓜施用波尔多液时要谨慎使用，而蔬菜幼苗对波尔多铜离子反应敏感。

除草剂是杀伤高等植物的药剂，即便是具有选择性的除草剂，对栽培的蔬菜也有不同程度的杀伤作用，甚至前茬使用的除草剂对后茬作物也有很大影响，所以使用除草剂时要特别注意药害问题。邻近作物使用 2，4-D 丁酯除草剂飘移到蔬菜上，或在棚室内存放 2，4-D 丁酯气体的熏蒸作用，会造成新叶不能正常展开，变成线状皱缩的畸形叶，呈蕨叶型，常常误诊为病毒病害；使用高浓度蘸花激素或多次蘸花，易造成番茄畸形果、裂变果和空洞果。

三、温度失调

高温、强光条件下，向阳果面的番茄、辣椒会发生日烧病，高温会造成叶片叶缘向下卷曲，萎蔫、干枯，甚至死苗；高温还会造成黄化、裂果等症状；低温会造成黄瓜的花打顶现象，或造成授粉不良而影响结果。

四、有毒物质

邻近工厂的菜田会因工厂排出的烟、废气、污水以及汽车的尾气、粉尘等影响，而不能正常生长；土壤 pH 值失调易使铁、锰、锌、铜、铝等金属元素流失而不利于吸收，导致植物中毒或干扰钙元素的吸收；由于大量施用未腐熟的粪肥、绿肥，则因嫌气发酵产生的硫化氢等多种有毒物质，常常造成蔬菜苗黑根、沤根现象。

总之，非侵染性病害的诱因是很多的，造成的非侵染性病害的症状也是非常复杂的，在诊断上不容易区分，易造成误诊，尤其与病毒病害的症状混淆不清。侵染性病害具有从点片发生逐步发展蔓延的过程，而非侵染性病害则出现均匀一致的症状，没有明显的蔓延过程。精确的诊断还需要专业的化验分析来确诊。

第七章　农作物病虫害调查与预测

第一节　病虫害的田间分布类型

植物病虫害在田间的分布受种类、数量、来源及田间植物、土壤、小气候等多种因素的影响，是确定田间调查取样方法的主要依据。

一、随机分布

随机分布即个体独立地、随机地分配到可利用的单位中去，每个个体占空间任何一点的概率是相等的，并且任何一个个体的存在决不影响其他个体的分布，即相互是独立的，病虫在田间分布呈比较均匀的状态，如图 7-1（1）所示。属于这类分布的病虫害可用潘松分布理论的公式表示。如玉米螟的卵块、小麦散黑穗病在田间的分布等。

二、核心分布

核心分布即个体形成很多大小集团或称核心，并向四周做放射状扩散蔓延。核心之间的关系是随机的，为一种不均匀分布，如图 7-1（2）所示。如二化螟、土壤线虫病等。

三、嵌纹分布

嵌纹分布即个体分布疏密相嵌，很不均匀，呈嵌纹状，如图 7-1（3）所示。如棉叶螨、棉铃虫幼虫、小麦白粉病等。

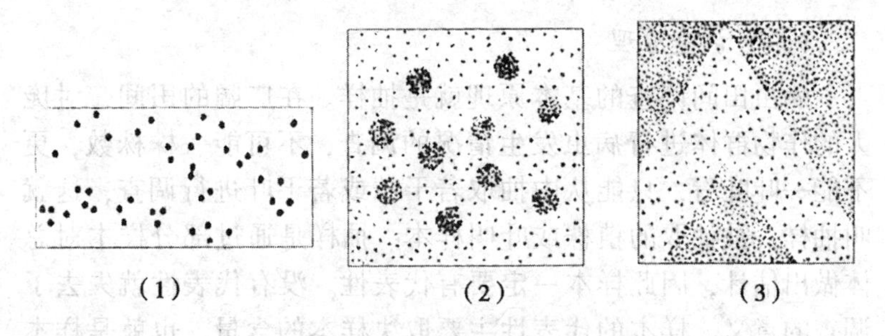

图 7-1　病虫害的田间分布类型

（1）随机分布（2）核心分布（3）嵌纹分布

第二节　病虫田间调查

一、病虫田间调查的概述

病虫田间调查是在病虫害发生现场，收集有关病虫害发生情况（如发生时间、发生数量、发生范围、发育进度、危害状况等）以及相关的环境因素的基本数据，为开展病虫害预测预报、制定防治方案或有关试验研究提供可靠的数据资料和依据的基础性工作。主要工作内容包括明确调查对象，规范调查时间、方法，统一数据整理方法和结果记载格式。

（一）调查类型

根据调查目的需要，可分为不同类型的调查，服务于病虫害预测预报的调查，通常分为两种类型：

（1）系统调查。为了解一个地区病虫发生消长动态，进行定点、定时、定方法，在一个生长季节要开展多次的调查。

（2）大田普查。为了解一个地区病虫发生关键时期（始期、始盛期、发展末期）整体发生情况，在较大范围内进行的大面积多点同期的调查。

（二）调查原理

病虫田间调查的基本原理就是抽样。在广阔的田间，对庞大的作物群体进行病虫发生情况的调查，不可能一株株数，更不能一叶叶看，只能从中抽取若干株或若干叶进行调查，这就叫抽样。被抽取的植株或叶叫样本。抽样是通过部分样本对总体做出估计，因此样本一定要有代表性。没有代表性就失去了调查的意义。样本的代表性主要取决样本的含量，也就是样本的大小和抽样的方法是否科学。

（三）抽样方法

按照抽样方法布局形式的不同基本可分为两大类，即随机抽样和顺序抽样（或称机械抽样），从调查的步骤上还可分为分层抽样、分级抽样、双重抽样以及几种抽样方法配合等。病虫测报田间调查常用的取样方法属于顺序抽样。

顺序抽样：按照总体的大小，选好一定间隔，等距地抽取一定数量的样本。另一种理解是先将总体分为含有相等单位数量的区，区数等于拟抽出的样方数目。随机地从第一区内抽了一个样本，然后隔相应距离分别在各小区内各抽一个样本，这种抽样方法又称为机械抽样或等距抽样。病虫田间调查中常用的5点取样、对角线取样、棋盘式取样、Z字形取样、双直线跳跃取样等严格讲都属于此类型。顺序取样的好处是方法简便，省时、省工，样方在总体中分布均匀。缺点是从统计学原理出发认为这些样方在一块田中只能看作是一个单位群，故无法计算各样方间的变异程度，也即无法计算抽样误差，从而也就无法进行差异比较，或置信区间计算。但可用与其他方法配合使用来加以克服。

（四）病虫田间调查常用取样方法

（1）5点取样法。适用于密集的或成行的植株、害虫分布为随机分布的种群，可按一定面积、一定长度或一定植株数量选取 5 个样点。

（2）对角线取样法。适用于密集的或成行的植株、病虫害分布为随机分布的种群，有单对角线和双对角线两种。

（3）棋盘式取样法。适用于密集的或成行的植株、病虫害分布为随机或核心分布的种群。

（4）平行跳跃式取样法。适用于成行栽培的作物、害虫分布属核心分布的种群，如稻螟幼虫调查。

（5）“Z”字形取样。适合于嵌纹分布的害虫，如棉花叶螨的调查。各种取样方式如图 7-2所示。

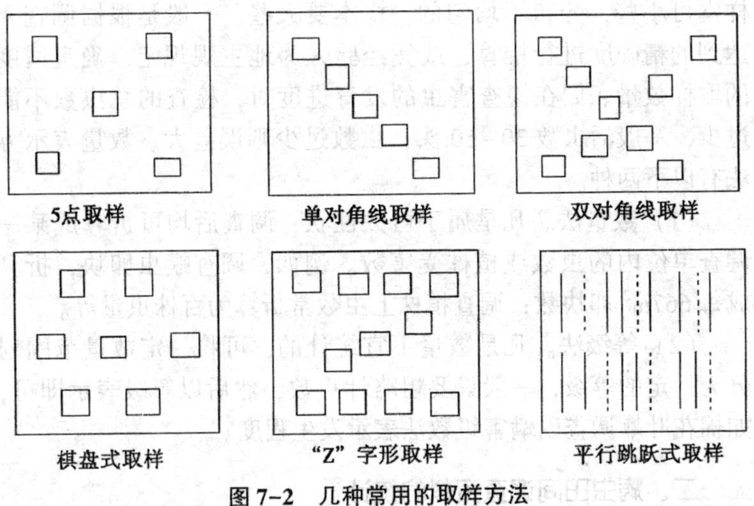

图 7-2　几种常用的取样方法

（五）取样的单位

（1）长度。适用于条播作物，通常以“m（米）”为单位，如小麦、谷子。

（2）面积。常用于调查地下害虫，苗期或撒播作物病虫害，常以“m^2”为单位。

（3）时间。调查活动性大的害虫，以单位时间内收集或目测到的害虫数表示。

（4）植株或部分器官。适用于枝干及虫体小、密度大的害虫或全株性病害，计数每株或茎叶、果实等部位上的害虫数或病斑数。

（5）诱集物单位。如灯光、糖醋盆、性引诱剂等。计数一个单位一定时间内诱到的害虫数量。

（6）网捕。适用于有飞翔活动的小型昆虫，如大豆食心虫、飞虱等，以一定大小口径捕虫网的扫捕次数为单位（网虫数）。

（六）取样数量

取样数量决定病虫害分布的均匀程度，分布比较均匀的，样本可小些，分布不均匀的，样本要大些。一般是根据调查要达到的精确度进行推算，或凭经验人为地主观规定，确定适度的取样数量。如在检查害虫的发育进度时，检查的总虫数不能过少，一般活虫数 30～50 头，虫数过少则误差大。数量表示方法有以下两种。

（1）数量法。凡是属于可数性状，调查后均可折算成某一调查单位内的虫数或植株受害数。例如，调查螟虫卵块，折算成每 667m^2 卵块数；调查植株上虫数常折算为百株虫量等。

（2）等级法。凡是数量不宜统计的，可将一定数量范围划分为一定的等级，一般只要粗略计虫数，然后以等级表示即可，如棉花叶螨调查以螨害级数法表示发生程度。

二、病虫田间调查资料的统计

通过抽样调查，获得大量的资料和数据，必须经过整理、简化、计算和比较分析，才能提供给病虫预测预报使用。一般统计调查数据时，多常用算术法计算平均数。平均数是数据资料的集中性代表值，可以作为一组资料和另一组资料相差比较的代表值。其计算方法可视样本的大小或代表性采用直接计算法和加权计算法。

（一）平均数直接计算法

一般用于小样本资料。若样本含有 n 个观察值为 x_1、x_2、x_3、…、x_n，其计算公式为：

$$\overline{X}=\frac{x_1+x_2+\cdots+x_n}{n}=\frac{\sum_{1}^{n}x}{n}$$

式中：$\overline{X}$ 为算术平均数；

n 为组数值的总次数；

Σ 为累加总和的符号。

如调查某田地下害虫，查得每平方米蛴螬数为 1、3、2、1、0、4、2、0、3、3、2、3 头，求平均每平方米蛴螬头数。

据题：$n=12$

x_1、x_2、x_3、…，$x_n=1$、3、2、…3

代入公式

$$\overline{X}=\frac{1+3+2+\cdots+3}{12}=\frac{24}{12}=2\text{（头）}$$

（二）加权法求平均数

如样本容量大，且观察值 x_2、x_3、…、x_n 在整个资料中出现的次数不同。出现次数多的观察值，在资料中占的比重大，对平均数的影响也大；出现次数少的观察值，对平均数的影响也小。因此，对各观察值不能平等处理，必须用权衡轻重的方法——加权法进行计算，即先将各个观察值乘自己的次数（权数，用 f 表示），再经过总和后，除以次数的总和，所得的商为加权平均数。其公式如下：

$$\overline{X}=\frac{f_1x_1+f_2x_2+\cdots+f_nx_n}{f_1+f_2+\cdots+f_n}=\frac{\sum_{1}^{n}f_x}{\sum_{1}^{n}f}$$

加权法常用来求一个地区的平均虫口密度或被害率、发育进度等。

如虫口密度的加权平均计算。查得某村 3 种类型稻田的第二代三化螟残留虫口密度：双季早稻田每 $667m^2$ 30 头；早栽中灿稻田每 $667m^2$ 100 头；迟栽中粳田每 $667m^2$ 450 头，求该村第二代三化螟每 $667m^2$ 平均残留虫量为多少？

如果用直接法计算残量虫量，则

$$\bar{X}_1=\frac{30+100+450}{3}=\frac{580}{3}=193.3\text{（每 }667m^2\text{ 头数）}$$

但是实际上这 3 种类型田的面积比重很不相同，双季早稻田为 $60\times667m^2$；早栽中籼稻 $100\times667m^2$；而迟栽中粳稻为 $10\times667m^2$，应当将其各占的比重考虑在内，则用加权法计算该队的平均每 $667m^2$ 残留虫量为两种方法计算结果几乎差 6 倍，显然用加权法计算是反映了实际情况。

$$\bar{X}_2=\frac{30\times60+100\times100+450\times10}{170}=95.88\text{（每 }667m^2\text{ 头数）}$$

主要参考文献

李云平 . 2015. 测土配方施肥 [M]. 北京：中国农业大学出版社.

宋志伟，等 . 2016. 粮经作物测土配方与营养套餐施肥技术 [M]. 北京：中国农业出版社.

王剑峰，张玉欣 . 2014. 测土配方施肥技术操作指南 [M]. 长春：吉林人民出版社.

周俊 . 2017. 测土配方施肥技术 [M]. 兰州：甘肃科学技术出版社.